GROB · EINFACHE SCHULVERSUCHE
ZUR LEBENSMITTELCHEMIE

UNTERRICHTSHILFEN NATURWISSENSCHAFTEN
Herausgegeben von:
Prof. Dr. Wolfgang Bleichroth, Prof. Dr. Hans Grupe,
Prof. Dr. Heinz Schmidkunz

Einfache Schulversuche zur Lebensmittelchemie

Von
PETER GROB

Herausgeberische Betreuung: Prof. Dr. Heinz Schmidkunz

AULIS VERLAG DEUBNER & CO KG
Köln

Die Deutsche Bibliothek - CIP-Einheitsaufnahme

Grob, Peter:
Einfache Schulversuche zur Lebensmittelchemie / von Peter Grob. Herausgeberische Betreuung: Heinz Schmidkunz. - Köln : Aulis-Verl. Deubner, 1992

(Unterrichtshilfen Naturwissenschaften)
ISBN 3-7614-1475-7

Das vorliegende Werk wurde sorgfältig erarbeitet. Dennoch übernehmen Autor, Herausgeber und Verlag für die Richtigkeit von Angaben, Hinweisen und Ratschlägen sowie für eventuelle Druckfehler keine Haftung.

Best.Nr. 4222
Alle Rechte bei AULIS VERLAG DEUBNER & CO KG, Köln, 1992
Satz: SCHÄFER & KOSUBEK techn.-wiss. Textverarbeitung, Köln
Printed in Hungary
ISBN 3-7614-1475-7

Inhaltsverzeichnis

Vorwort des Herausgebers 7

Vorwort des Autors 8

Übersicht über die Versuche 9

Basiswissen 13

Chemikalienliste 17

Geräteliste 20

Entsorgung 22

Versuche 1.1 - 10.7 23

Formeln und Gleichungen 139

Medien (Auswahl) 144

Literatur 146

Sachregister 149

Vorwort des Herausgebers

Der Chemieunterricht orientiert sich inhaltlich in zunehmendem Maße an Themen des Alltags. In besonderem Maße gehören die Lebensmittel zu diesem Bereich. Wenn es ein Ziel des Chemieunterrichts ist, die Erscheinungen (Stoffe und Stoffumsetzungen) auch auf einer submikroskopischen (atomaren) Ebene zu deuten, so stößt man in der Sekundarstufe I bei Lebensmitteln sicher auf Schwierigkeiten. Stoffe und Vorgänge sind komplex und lassen sich selbst mit einfachen Modellen nicht immer anschaulich darstellen. Es erfordert das Geschick der Lehrperson, eine den Schülerinnen und Schülern angemessene didaktische Reduktion zu finden.
Trotzdem ist die Arbeit mit Lebensmitteln im Chemieunterricht motivierend. Gleichzeitig wird damit ein Stück Gesundheitslernen im Chemieunterricht realisiert. Es wird Ziel sein, die Lebensmittel-Inhaltsstoffe den Adressaten nahe zu bringen und im Hinblick auf die Gesundheit analytische Nachweisreaktionen und interessante Umsetzungen kennenzulernen.
Im vorliegenden Bändchen werden insgesamt 64 einfache Grundversuche (mit Nebenversuchen sind es 80) zur Lebensmittelchemie dargeboten, 15 sind den Fetten, 15 den Kohlenhydraten, 9 dem Eiweiß, 6 den Vitaminen, 6 den Mineralsalzen, 4 den Enzymen und 9 den Lebensmittelzusatzstoffen zuzuordnen. Gerade diese letzte Gruppe ist hochaktuell, fast kaum in einschlägigen Büchern zu finden und wird an Bedeutung in der Zukunft zunehmen. Die Zutaten mit den Lebensmittelzusatzstoffen müssen EG-weit auf dem Etikett einer Lebensmittelpackung (mit wenigen Ausnahmen) angegeben werden. Das Thema wird also zwangsläufig auch im Chemieunterricht auftreten.
Die Nebenversuche befassen sich mit dem Wasser (4), den Genußmitteln (5) und den Schadstoffen (7).
Die Versuche werden in dem Buch zunächst nur als Phänomen beschrieben. Die Gründe dafür sind bereits angedeutet worden. Der theoretische, d. h. formelmäßige Hintergrund dieser Vorgänge wird im Anhang im Kapitel „Formeln und Gleichungen" kurz behandelt. Der Schwerpunkt liegt auf der Durchführung der Experimente durch die Schüler.
Adressaten sind Chemie-, Biologie- und Hauswirtschaftslehrerinnen und -Lehrer sowie Lehramtsstudentinnen und -Studenten der Sekundarstufe I. Angesprochen werden aber auch Schülerinnen und Schüler sowie alle, die an der Thematik Lebensmittel und deren Chemie interessiert sind.
Die Gefahrstoffverordnung wird vollberücksichtigt. Neben den Gefahren-Kennbuchstaben werden auch die Entsorgungsmöglichkeiten beschrieben.

Heinz Schmidkunz

Vorwort des Autors

Die Lebensmittelchemie ist in den letzten Jahren zunehmend aus dem Kreise von Fachleuten in das Bewußtsein großer Teile der Bevölkerung gedrungen. Probleme wie „richtige Ernährung - gesunde Ernährung", „Schadstoffe in der Nahrung", „Nahrung für alle" enthalten eine Fülle gesellschaftlich, fachlich und auch schulisch relevanter Fragestellungen.
Die vorliegende Sammlung von Versuchen zur Lebensmittelchemie enthält einerseits eine Reihe bekannter Experimente, andererseits einen Teil einfacher älterer (und fast vergessener) Versuchsanleitungen sowie eine Gruppe neuer Versuche zur Lebensmittelchemie in der Schule. Die Arbeit ist erwachsen aus der Unterrichtspraxis und der Lehrerfortbildungstätigkeit des Autors.
Neben die in Schulbüchern gängigen Themen der Nähr- und Wirkstoffe treten die Bereiche der Lebensmittelzusatz- und Schadstoffe, ferner die Lebensmittelanalytik. Großer Wert wurde jeweils gelegt auf die Vermeidung eventuell auftretender Gefährdungen als auch auf eine sach- und umweltgerechte Entsorgung.
Geschrieben wurde das Buch in der Überzeugung, daß Fragen der Gesellschaft sowie des Einzelnen betreffend die Ernährung als eines der Grundbedürfnisse menschlichen Daseins nur mit Hilfe der Chemie beantwortet werden können.
Erlaubt sei noch der Hinweis, daß alle Versuche vom Verfasser selbst ausprobiert wurden, jedoch eine persönliche Haftung ausgeschlossen sein muß. Anregungen und Verbesserungsvorschläge werden natürlich gerne entgegengenommen.
Danken möchte ich all denen, die in irgendeiner Form am Zustandekommen dieser Arbeit mitgewirkt haben.

Wesseling, im Frühjahr 1992   Peter Grob

Übersicht über die Versuche

1 Fette

- 1.1 Fettnachweis
- 1.2 Löslichkeit von Fetten
- 1.3 Verhalten von fetten Ölen an Luft (Fetthärtung)
- 1.4 Kennzeichen der Fette (Fettfleckmethode)
- 1.5 Fettgewinnung: Ausschmelzen von tierischem Fett
- 1.6 Fettgewinnung: Extraktion von pflanzlichem Fett
- 1.7 Fette: Zusammensetzung und Aufbau
- 1.8 Nachweis von Cholesterin (Cholesterol)
- 1.9 Unterscheidung von Butter und Margarine von ihren Halbfettprodukten (Schmelzprobe)
- 1.10 Fluoreszenz von Fetten: Untersuchung der Butter auf Beimengung von Pflanzenfett
- 1.11 Margarineherstellung
- 1.12 Unterscheidung von Fettsäuren
- 1.13 Schmelztemperatur und Wassergehalt von Schweineschmalz
- 1.14 Flammpunkt (Löschen von Fettbränden)
- 1.15 Verseifung von Fetten

2 Kohlenhydrate

- 2.1 Herstellung von Kunsthonig
- 2.2 Karamel - Zuckerkulör - Zuckerkohle
- 2.3 Zuckergewinung aus Rüben
- 2.4 Glucosenachweis nach Fehling und Trommer
- 2.5 Unterscheidung von Glucose und Fructose („Zuckertest")
- 2.6 Untersuchung von Honig
- 2.7 Silberspiegelprobe auf Glucose
- 2.8 Untersuchung von Früchten und Säften auf Traubenzucker (Glucose)
- 2.9 Überführung von Doppelzuckern in Einfachzucker (Hydrolyse) - Nachweis der Fructose durch die Seliwanow-Reaktion

Übersicht über die Versuche

2.10 Elementaranalyse von Mono-, Di- und Polysacchariden
2.11 Kleisterherstellung
2.12 Gewinnung und Nachweis von Stärke
2.13 Aufspaltung der Stärke in Glucose
2.14 Nachweis von Cellulose in Ballaststoffen
2.15 Lactosenachweis (Wöhlksche Probe)

3 Eiweißstoffe

3.1 Biuretreaktion als Proteinnachweis
3.2 Xanthoproteinprobe
3.3 Eiweißhydrolyse (Herstellung von Suppenwürze)
3.4 Abscheidung von Casein aus der Milch (Herstellung von Quark)
3.5 Untersuchung von Milch auf Frische (Alizarolprobe)
3.6 Zusammensetzung von Hühner-Eiweiß
3.7 Koagulation von Eiklar durch Hitze, Säuren und Schwermetalle
3.8 Protein-Nachweis in Nahrungsmitteln
3.9 Gerinnungsfähigkeit von „Soja-Milch"

4 Vitamine

4.1 Nachweis von Vitamin C
4.2 Gewinnung und Identifizierung von Provitamin A (Carotin)
4.3 Bestimmung des Gehalts einer Multivitamin-Brausetablette an Natriumhydrogencarbonat
4.4 Nachweis von Vitamin B1
4.5 Nachweis von Vitamin B2
4.6 Bestimmung von Vitamin D

5 Mineralstoffe

5.1 Nachweis von Eisen im Fleisch
5.2 Nachweis von Natrium und Kalium in Kohlblättern
5.3 Unterscheidung von Kochsalz und Diätsalz

Übersicht über die Versuche

5.4	Nachweis von Calcium in der Milch
5.5	Nachweis von Carbonat in Backpulver
5.6	Nachweis von Phosphat in Salat

6 Enzyme

6.1	Stärkeabbau durch Ptyalin
6.2	Eiweißverdauung durch Pepsin
6.3	Wirkungsweise der Hefe beim Backen
6.4	Zersetzung von Wasserstoffperoxid durch Katalase

7 Lebensmittelzusatzstoffe

7.1	Nachweis von Schwefeldioxid bzw. schwefliger Säure in Wein
7.2	Schwefelung von Trockenfrüchten
7.3	Emulsion - Emulgator
7.4	Farbstoffe in Götterspeise (Papierchromatographie)
7.5	Farbstoffe in „Smarties" (Säulenchromatographie)
7.6	Wirkungsweise der Benzoesäure
7.7	Phosphat in der Wurst
7.8	Schwefelsäureprobe auf Saccharin und Cyclamat
7.9	Nachweis von Aminosäuren in künstlichem Süßstoff (Aspartam)

8 Wasser

8.1	Wassergehalt von Brot
8.2	Radioaktivität in Mineralwasser
8.3	Nachweis von Nitrat und Nitrit durch Teststäbchen
8.4	Chloride in Mineral- und Leitungswasser

9 Genußmittel

9.1	Coffeinnachweis im Tee
9.2	Chinin in Tonicwater
9.3	Wirkung von Ethanol auf Eiweiß

Übersicht über die Versuche

9.4 Alkoholherstellung
9.5 Nachweiß von Kohlenstoffmon(o)oxid im Tabakrauch

10 Schadstoffe

10.1 Blei im Trinkwasser
10.2 Nachweis von Kupfer im Trinkwasser
10.3 Nachweis von Blei auf Salat
10.4 Eisen in Dosenbohnen
10.5 Nachweis von Phenolen auf Räucherschinken
10.6 Oxalsäure im Rhabarber („natürliche Gifte")
10.7 Radioaktivität in Paranüssen

Basiswissen

Fette

Fette bestehen aus den Elementen Kohlenstoff, Wasserstoff und Sauerstoff. Sie sind Ester aus Glycerin (Propantriol) und höheren gesättigten und/oder ungesättigten Fettsäuren. Man unterscheidet feste, halbfeste und flüssige Fette. Letztere werden auch als fette Öle bezeichnet. Natürliche Fette enthalten stets Gemische verschiedener Fettsäuren, so u. a. Palmitinsäure, Stearinsäure, Ölsäure, Linolsäure und Buttersäure. Pflanzliche Fette werden durch Auspressen und Extraktion, tierische Fette durch Ausschmelzen gewonnen. Als Beispiel für Fette pflanzlicher bzw. tierischer Herkunft seien in der Reihenfolge „fest, halbfest, flüssig" genannt: Kokosfett - Rindertalg, Kakaobutter - Schmalz, Olivenöl - Tranöl. Während Fette mit Wasser beim Schütteln instabile Emulsionen bilden, besitzen sie in organischen Lösemitteln ein gutes Lösungsvermögen. Fette Öle können durch Anlagerung von Wasserstoff gehärtet werden.

Kohlenhydrate

Kohlenhydrate enthalten ebenfalls die Elemente Kohlenstoff, Wasserstoff und Sauerstoff in gebundener Form. In der Bezeichnung „-hydrat" kommt zum Ausdruck, daß das Verhältnis von Wasserstoff zu Sauerstoff (meistens) bei 2:1 liegt.

a) Zucker

Die bekanntesten Einfachzucker (Monosaccharide) sind die Hexosen Traubenzucker (Glucose) und Fruchtzucker (Fructose). Beide sind in Früchten enthalten und können durch Biokatalysatoren in Gärungsprozessen in Ethanol und Kohlenstoffdioxid aufgespalten werden. Das Traubenzuckermolekül besitzt eine CHO-Gruppe (Aldehydgruppe), das Fruchtzuckermolekül eine CO-Gruppe (Ketogruppe). Daraus resultiert die Möglichkeit, beide experimentell zu unterscheiden (Glucotest). Fructose wird im menschlichen Organismus schneller abgebaut als Glucose und kann deshalb von vielen Diabetikern als Ersatz für Rohr- oder Rübenzucker (Saccharose) verwendet werden. Letzterer zählt neben Malzzucker (Maltose) und Milchzucker (Lactose) zu den Doppelzuckern (Disaccharide). Diese lassen sich durch Einwirkung von verdünnten Säuren hydrolytisch spalten.

Basiswissen

b) Stärke und Cellulose

Die Vielfachzucker (Polysaccharide) Stärke und Cellulose sind über Sauerstoffbrücken aus einzelnen Glucosemolekülen - jeweils in unterschiedlicher Weise - zu Makromolekülen aufgebaut. Stärke ist als Reservestoff in vielen Pflanzen enthalten und läßt sich im menschlichen Körper wieder „verzuckern". Der Gerüststoff Cellulose hingegen kann nur durch bestimmte Bakterien („Wiederkäuer") abgebaut werden. Stärke dient technisch u. a. zur Gewinnung von Glucose und Kleister. Cellulose ist Ausgangsstoff für die Papierherstellung, findet aber auch Verwendung in der Kunststoffindustrie.

Eiweißstoffe

Eiweiße enthalten außer Kohlenstoff, Wasserstoff und Sauerstoff das Element Stickstoff, mitunter auch Schwefel und Phosphor. Zu den einfachsten Eiweißverbindungen gehören die Aminosäuren, die neben einer COOH-Gruppe mindestens eine Aminogruppe besitzen. Aminosäuren können sich formal unter Wasserabspaltung zu Polypeptiden zusammenlagern. Geschieht dies gemäß einer besonderen Struktur, so spricht man von „einfachen Eiweißstoffen" oder Proteinen. Zu ihnen zählt beispielsweise das Hühner-Eiweiß. Binden sich Proteine an nicht-eiweißartige Verbindungen, so entstehen „zusammengesetzte Eiweißstoffe", die Proteide (z. B. das Kasein). Durch Einwirkung von Alkohol, Schwermetallen oder Hitze erfolgt eine Koagulation (Gerinnung) von Eiweiß, die oft irreversibel ist. Durch Säuren lassen sich aus Eiweißstoffen die Aminosäuren hydrolytisch gewinnen.

Vitamine, Enzyme

Während Fette und Kohlenhydrate zu den energieliefernden Stoffen, Eiweiße, Wasser und mineralische Salze zu den Baustoffen zu rechnen sind, gehören Vitamine und Enzyme zu den Ergänzungs- oder Wirkstoffen. Unter der Bezeichnung Vitamine faßt man eine Reihe sehr unterschiedlicher organischer Verbindungen eingedenk der Tatsache zusammen, daß durch ihr Fehlen - Vitamine müssen mit der Nahrung aufgenommen werden - Mangelkrankheiten entstehen. Zu den wasserlöslichen Vitaminen gehören beispielsweise Thiamin (B1), Riboflavin (B2) und Ascorbinsäure (C); Carotin (Provitamin A), das im Organismus zum Vitamin A umgebildet wird, wie auch die Vitamine E und D hingegen sind fettlöslich. Oft verbirgt sich hinter dem Singular „Vitamin" eine Vitamingruppe, deren Mitglieder chemisch nahe miteinander verwandt sind (z. B. beim Vitamin D). Enzyme (Fermente) stellen u. a. im menschlichen Körper wirkende Biokatalysatoren dar, die für die Steuerung spezifischer Lebensvorgänge höchste Bedeutung besitzen. Die meisten Enzyme sind an ihrem Entstehungsort, den Zellen, tätig; es gibt jedoch unter den in sechs Hauptklassen eingeteilten Enzymen auch solche, die einen größeren Wirkungsbereich haben, so das im menschlichen Speichel enthaltene Ptyalin oder auch andere Verdauungsenzyme.

Mineralstoffe, Wasser

Beim Erhitzen verlieren Lebensmittel fast immer beträchtlich an Masse und Volumen, bedingt durch den hohen Wasseranteil (beim Brot z. B. bis zu 40 %). Nach vollständiger Veraschung lassen sich im Rückstand eine Vielzahl von Mineralstoffen (-salzen) nachweisen. Darüberhinaus finden sich in Lebensmitteln sogenannte Spurenelemente (Kupfer, Cobalt, Mangan), die einfacheren Analysemethoden nicht zugänglich sind. Ganz im Unterschied dazu ist die Handhabung von Teststäbchen zur Untersuchung von Wasser leicht und kann auch zum Nachweis von solchen Stoffen genutzt werden, die normalerweise nicht oder nur begrenzt darin enthalten sind (Nitrat, Nitrit).

Lebensmittelzusatzstoffe

Der Einsatz von Lebensmittelzusatzstoffen geschieht aus unterschiedlichen Gründen. Einerseits geht es um die Verbesserung der Haltbarkeit, des Nährwerts oder der Konsistenz; andererseits sollen Aussehen und Geschmack erhalten bzw. den natürlichen Gegebenheiten angepaßt werden. Dementsprechend gibt es Konservierungsstoffe, Antioxidationsmittel, Vitamine, Emulgatoren, Stabilisatoren, Farbstoffe, Geschmacksverstärker und Aromastoffe. Ferner finden künstliche Süßstoffe, Trennmittel und Überzugsstoffe Verwendung. Die meisten Zusatzstoffe besitzen eine EG-Nummer (z. B. E 210 = Benzoesäure). Nicht alle Lebensmittelzusatzstoffe sind angabepflichtig, so beispielsweise Schwefeldioxid im Wein. Man unterscheidet natürliche, naturidentische oder synthetische Zusätze für Lebensmittel. Um etwaige gesundheitliche Risiken durch die Aufnahme von

Basiswissen

Lebensmittelzusatzstoffen zu vermeiden, werden die verwendeten Substanzmengen weit unter dem ADI-Wert (= „duldbare Tagesdosis") gehalten. Umstritten ist jedoch die Frage nach den Kombinationswirkungen von Zusatzstoffen (Vgl. auch Schadstoffe).

Genußmittel

Im Gegensatz zu den eigentlichen Nahrungsmitteln besitzen Genußmittel keine oder nur einen geringen Nährwert. Dafür entfalten sie aber eine anregende Wirkung auf das Zentralnervensystem, die ab einer bestimmten Dosis ins Gegenteil umschlägt und zu Vergiftungserscheinungen führt. Zu den Genußmitteln zählen alkaloidhaltige Stoffe wie Tabak, Kaffee, Tee, Kola und alkoholhaltige Getränke. Die Alkaloide stellen keine einheitliche chemische Stoffklasse dar. Ihre bekanntesten Vertreter sind Coffein und Nikotin. Kakao wird wegen seines Eiweiß- und Fettgehaltes (bei geringem Alkaloidanteil) zu den Nahrungsmitteln gerechnet. Mit Alkohol ist im Zusammenhang mit Genußmitteln stets der „Trinkalkohol" (Ethanol, Ethylalkohol) gemeint, der entweder durch Gärung (Vgl. Kohlenhydrate) oder synthetisch z. B. aus Ethen gewonnen wird.

Schadstoffe

Das Problem der Schadstoffbelastung in Lebensmitteln kann nicht losgelöst betrachtet werden von der allgemeinen Umweltvergiftung. Schadstoffe gelangen ja nicht nur produktionsbedingt in unsere Nahrung (Phenole im Räucherschinken, schweflige Säure im Wein), sondern erreichen uns entweder indirekt über die Nahrungskette (Quecksilber im Fisch) oder direkt durch Gemüse, das infolge von Autoabgasen mit Blei belastet ist. Gerade letztere Tatsache zeigt, daß Bemühungen um eine gesunde Ernährung nur in Verbindung mit generellen Umweltverbesserungen Erfolg haben. In der Höchstmengenverordnung sind für über 400 Wirkstoffe Grenzwerte festgelegt; sie erfaßt damit aber nur einen Bruchteil der auf dem Markt befindlichen Chemikalien. Überhaupt gelten die Höchstgrenzen - je nach Standort der Beteiligten - als sehr umstritten, genauso wie die Problematik, ob durch das Zusammenwirken bestimmter Schadstoffe im menschlichen Körper eine Potenzierung ihrer Gefährlichkeit erfolgt. So besteht z. B. die Möglichkeit, daß im Magen aus Nitrit und Aminen die äußerst krebserregenden Nitrosamine entstehen.

Chemikalienliste

	R-Sätze	S-Sätze
Aceton (Propanon)	11	9-16-23.1-33
Alizarin		
Ammoniaklösung, 25%ig	36/37/38	2-26
Ammoniaklösung, 10%ig	36/37/38	2-26
Ammoniummolybdat	22	
Ammoniumoxalat	21/22	2-24/25
Bariumchlorid	20/22	28
Benzoesäure, Pulver		
Benzin (Ligroin) Siedebereich 90 ... 100 °C	11	9-16-29-33
Benzin (Naphthabenzin) Siedebereich 100 ... 140 °C	11	9-16-29-33
Bleiacetatpapier	20/22-33	13-20/21
Brennspiritus, mit Petrolether vergällt	11	7-16
Buttersäure	34	26-36
Calciumacetat		
Calciumchlorid	36	24
Calciumhydroxid	34	26-36
Calciumhydroxidlösung (= Kalkwasser)	34	26-36
Carr-Price-Reagenz	20-34-37-40	24-26
Chlorzinkiodlösung		
Cobaltchloridpapier	25	44
destilliertes Wasser		
Eisen(III)-chloridlösung, 5%ig	22-38-41	26
Eiweiß-Teststreifen		
Essigsäure, 30%ig	34	2-23.2-26
Esigsäure, 25%ig (= Essigessenz)	34	2-23.2-26
Essigsäure, 10%ig	36/37/38	2-23.2-26
Ethanol, absolut	11	7-16
Ethanol, 70%ig	11	7-16
Ethanol, 50%ig	11	7-16
Fehlingsche Lösung I	22	
Fehlingsche Lösung II	35	26

Chemikalienliste

	R-Sätze	S-Sätze
Fructose		
Glucose		
Glucose-Teststreifen		
Iod-Kaliumiodidlösung		
(= Lugolsche Lösung)		
Isobutanol	10-20	16
Kaliumchromat	45.3-36/37/ 38-43	53-22-28.1
Kaliumhexacyanoferrat(II)		
Kaliumhexacyanoferrat(III)	22	
Kaliumiodat-Stärkepapier		
Kaliumnitrat	8	16-41
Kaliumpermanganat	8-22	2
Kaliumthiocyanat	20/21/22-32	2-13
Kochsalz (= Natriumchlorid)		
Kupfer(II)-hydrogencarbonat	22	
Kupfer(II)-sulfat	22	
Milchsäure, reinst	34	26
Natriumcarbonat	36	22-26
Natriumdithionit	7-22-31	7/8-26-28.1-43
Natrium(hydrogen)sulfit		
Natronlauge, 32%ig	35	2-26-27/37/39
Natronlauge, 10%ig	35	2-26-27/37/39
Nitrat-Teststäbchen		
n-Pental	10-20	24/25
Ölsäure		
Palladium(II)-chloridlösung, 1%ig	25-34	26-44
Pepsin, Pulver		
Petrolether	12	9-16-29-33
Resorcin	22-36/38	26
Saccharose		

Chemikalienliste

	R-Sätze	S-Sätze
Salpetersäure, konz.	8-35	2-23.2-26-36
Salpetersäure, 20%ig	35	2-23.2-26-27
Salzsäure, konz.	34-37	2-26
Salzsäure, 20%ig	36/38	2-28.1
Salzsäure, 10%ig	36/38	2-28.1
Salzsäure, 1%ig oder 0,1 N		
Schiffs Reagenz	36/37/38	26
Schwefelsäure, konz.	35	2-26-30
Schwefelsäure, 10%ig	36/38	2-26
Seesand		
Siedesteinchen		
Silbernitratlösung, 5%ig	34	2-26
Stärke, löslich		
Sudan III, in Ethanol gelöst (0,1%ig)	11	7-16
Tillmans' Reagenz (= 2,6-Dichlorphenolindophenol)		
Universalindikatorpapier		
Vitamin C (= Ascorbinsäure)		
Wasserstoffperoxidlösung, 30%ig	34	28.1-39
Weinsäure		

Der Wortlaut der R- und S-Sätze kann der einschlägigen Literatur (z. B. Chemikalienkatalogen) entnommen werden.

Geräteliste

2	Abdampfschalen (do = 80 mm), 75 ml
1	Auszählrohr für α-, β- und γ-Strahlung
4	Bechergläser, 100 ml
2	Bechergläser, 250 ml (niedrig)
2	Bechergläser, 600 ml
1	Chromatographiepapier, 100 x 100 mm
1	Cobaltglas
3	Doppelmuffen
1	Drahtdreieck, l = 60 mm
1	Dreifuß
1	Elektrische Heizplatte
1	Erlenmeyerkolben, 50 ml (weit)
3	Erlenmeyerkolben, 100 ml (weit)
2	Erlenmeyerkolben (mit Teilung), 100 ml
1	Erlenmeyerkolben (mit Teilung), 250 ml (weit)
8	Faltenfilter
1	Fettstift
1	Filterpapier, 200 x 100 mm
1	Filtriergestell
1	Gasspritze, 100 ml
1	Geiger-Müller-Zählgerät
1	Glasröhrchen, 80 mm
1	Glasrohr, 75 cm
4	Glasscheiben, 85 x 100 mm
1	Glasstab
2	Gummischläuche (di = 8 mm), 120 cm
1	Gummischlauch (di = 8 mm), 30 cm
1	Gummischlauch (di = 7 mm), 5 cm
1	Gummischlauch, 50 cm (passend zum Siphon, s. u.)
1	Haushaltszentrifuge
3	Holzspäne
3	„Kohlensäure"-Patronen
1	Küchenreibe, grob/fein
1	Küchensieb
2	Küchentöpfe
1	Leinentuch
1	Liebigkühler, l = 400 mm
1	Löffel
1	Lupe, 8x
2	Magnesiastäbchen
1	Messer
5	Meßpipetten, 5 ml
1	Meßzylinder, 50 ml
1	Mörser (70 ml) mit Pistill
1	Paar Einmal-Handschuhe
1	Pappe, schwarz
1	Petrischale
1	Pilzheizhaube
1	Pinzette
1	Pipettierball
1	Plastikwanne
1	Porzellantiegel (do = 45 mm) mit Deckel, 25 mm
1	Präzisionswaage, Ablesegenauigkeit 0,01 g
88	Reagenzgläser, 160 × 16 mm
1	Reagenzglas, schwerschmelzbar
1	Reagenzglasbürste
1	Reagenzglashalter
1	Reagenzglasständer
18	Rundfilter, d = 125 mm
1	Rundkolben, 250 ml
1	Sandbadschale
1	Schere
1	Schutzbrille, farblos
1	Paar Schutzhandschuhe, Gummi
1	Schutzscheibe

Geräteliste

2	Sicherheitsrohre (Gärrohre)	1	Thermometer, -10 ... +110 °C
1	Siphon (für Sahne/Soda)	1	Thermometer, -10 ... +360 °C
1	Spatel	1	Tiegelzange
1	Spritzflasche, 250 ml	1	Trichter, d = 80 mm
1	Stativplatte	1	Trichter, d = 100 mm
1	Stativring	4	Tropfpipetten
1	Stativstange	2	Uhrgläser, d = 60 mm
3	Stopfen, 18/14	2	Universalklemmen
3	Stopfen, 22/17	1	UV-Laborlampe
1	Stopfen, 35/29	1	Verbrennungslöffel
1	Stopfen, 49/41	2	Wärmeschutznetze
1	Stopfen (durchbohrt), 18/14	1	Wärmeschutzplatte
2	Stopfen (durchbohrt), 22/17	1	Zählrohrkabel
1	Stopfen (durchbohrt), 35/29		
1	Stoppuhr		
1	Teclubrenner		

Entsorgung/Gefahrensymbole

Entsorgung

In den *Anmerkungen* zu den jeweiligen Versuchsanleitungen wird auf eine ggf. erforderliche Entsorgung aufmerksam gemacht. Dazu sind im einzelnen entsprechend einer Konzeption der Firma Leybold Didactic GmbH folgende Behältnisse breitzuhalten:

1) Behälter (Kunststoff) für „Säuren, Laugen, Salze",

2) Behälter (Glas) für „mit Wasser mischbare brennbare Lösemittelabfälle",

3) Behälter (Glas) für „mit Wasser nicht mischbare brennbare Lösemittelabfälle",

4) Behälter (Kunststoff) für „Feststoffe" (getrennt zu verpacken),

5) Behälter (Glas) für „halogenierte Kohlenwasserstoffe".

Für spezielle Fälle der Entsorgung von Chemikalien sei auf ein Poster der oben genannten Firma (Leyboldstraße 1, 5030 Hürth) hingewiesen, das Schulen kostenlos zur Verfügung gestellt wird. Hinsichtlich der Entsorgung der vollen Gefäße gelten die örtlichen Bestimmungen.

Gefahrensymbole (Kennbuchstaben) und ihre Bedeutung

C	=	ätzend
E	=	explosionsgefährlich
F	=	leichtentzündlich
F+	=	hochentzündlich
O	=	brandfördernd
T	=	giftig
T+	=	sehr giftig
Xi	=	reizend
Xn	=	mindergiftig (gesundheitsschädlich)

1 Fette

1.1 Fettnachweis

Geräte

Reagenzglas
Reagenzglasständer
3 Meßpipetten, 5 ml
Stopfen

Chemikalien

Sudan III, in Ethanol gelöst (0,1%ig)
Speiseöl
destilliertes Wasser

Warnhinweise

Alkoholische Sudan(III)-lösung ist leicht entzündlich! Alle Flammen löschen!

F

Durchführung

Man gibt in ein Reagenzglas 2 ml destilliertes Wasser und überschichtet dieses anschließend mit 2 ml Speiseöl. Nach Zugabe von 1 ml Sudan(III)-lösung verschließt man das Reagenzglas mit einem Stopfen, schüttelt gut durch und stellt es in den Reagenzglasständer.

Beobachtung

Die Flüssigkeiten entmischen sich; die mittlere Schicht ist jetzt rot gefärbt. Die oberste Schicht hat an Volumen merklich abgenommen.

Auswertung

Rotes Sudan III ist in Ethanol löslich, dagegen nicht in Wasser. Durch seine besonders gute Löslichkeit in Fetten eignet sich dieser Farbstoff als Nachweismittel für diese Stoffgruppe, es ist allerdings nicht eindeutig, in diesem Rahmen jedoch hinreichend genau.

Anmerkungen

Die oft für Fette als Nachweis benutzte „Fettfleckmethode" ist nicht spezifisch genug, da auch Mineralöle auf Papier bleibende Flecken hinterlassen.
Entsorgung in Behälter für „mit Wasser mischbare brennbare Lösemittelabfälle".

1 Fette

1.2 Löslichkeit von Fetten

Geräte	Chemikalien
3 Reagenzgläser	Speiseöl
Reagenzglasständer	Ethanol, absolut
Tropfpipette	Benzin, Siedebereich 100...140 °C
3 Stopfen	
Brenner	
Reagenzglashalter	

Warnhinweise

F   Ethanol und (Naphta-)Benzin sind leicht entzündlich!

Durchführung

3 Reagenzgläser werden jeweils 1 cm hoch mit Wasser, Ethanol und Benzin gefüllt. Anschließend gibt man in jedes Reagenzglas 10 Tropfen Speiseöl, verschließt mit einem Stopfen und schüttelt leicht. Das Reagenzglas mit Ethanol wird kurz in der kleinen Brennerflamme erwärmt.

Beobachtung

Das Öl löst sich nicht im Wasser, in kaltem Ethanol schlecht, in warmem Alkohol und Benzin dagegen gut.

Auswertung

Die Unlöslichkeit von Fetten und fetten Ölen in Wasser hängt zusammen mit ihrem Molekülbau, der gekennzeichnet ist durch einen hohen Anteil unpolarer Strukturen. Man spricht auch von Hydrophobie (= Wasserfeindlichkeit).

Anmerkungen

Lösemittel wie Benzol (Benzen) und Tetrachlormethan (Tetrachlorkohlenstoff) sind aufgrund ihres Gefährdungspotentials (krebserzeugend bzw. sehr giftig) nicht mehr zu verwenden. Entsorgung in die Behälter für „mit Wasser mischbare brennbare Lösemittelabfälle" (Ethanol) und „nicht mit Wasser mischbare brennbare Lösemittelabfälle" (Benzin).

1.3 Verhalten von fetten Ölen an Luft (Fetthärtung)

Geräte

Glasscheibe, 85 x 100 mm
Glasstab
Fettstift

Chemikalien

Olivenöl
Leinöl

Warnhinweise

Durchführung

Mit einem Glasstab verreibt man auf einer Glasscheibe an zwei verschiedenen Stellen einige Tropfen Olivenöl und einen Tropfen Leinöl. Zur Unterscheidung werden die beiden Fettflecke durch ein „O" bzw. ein „L" markiert. Die Glasscheibe ist anschließend für eine Woche an einem warmen Ort aufzubewahren.

Beobachtung

Das Leinöl ist zu einem zähen Film erhärtet, das Olivenöl ist nach wie vor flüssig.

Auswertung

Leinöl zählt zu den „trocknenden", Olivenöl gehört zu den „nichttrocknenden" Ölen. Die beiden Gruppen differieren durch ihren unterschiedlich

1 Fette

hohen Gehalt an ungesättigten Fettsäuren (90 zu 81 %), der beim Leinöl durch Oxidation der ungesättigten Fettsäuren und anschließender Polymerisation zur „Fetthärtung" führt.

Anmerkungen

Als Ausgangsprodukt für die Gewinnung von Leinöl dient der Samen des Leins (Flachs). Es wird u. a. zur Herstellung von Ölfarben verwendet. Die Fetthärtung durch Anlagerung von Wasserstoff verwandelt unangenehm riechende Pflanzenöle und Fischtrane in wertvolle Speisefette. Dabei setzt man dem Öl als Katalysator Nickel in feinster Verteilung zu, über dessen anschließende „restlose" Entfernung unterschiedliche Ansichten bestehen. Bei der Wasserstoffanlagerung gehen die „essentiellen" Fettsäuren verloren.

1.4 Kennzeichen der Fette (Fettfleckmethode)

Geräte	Chemikalien
Filterpapier, 200 x 100 mm	Olivenöl
Glasstab	Nähmaschinenöl
Fettstift	Pfefferminzöl, reinst
	Zitronenöl, reinst

Warnhinweise

Durchführung

Mit einem Glasstab werden in ausreichendem Abstand nebeneinander ein Tropfen Olivenöl, Nähmaschinenöl, Pfefferminzöl und Zitronenöl auf ein Filterpapier aufgebracht und entsprechend gekennzeichnet. Dann legt man das Filterpapier an einen warmen Ort und hält es nach einer halben Stunde gegen das Licht.

1 Fette

Beobachtung

Alle vier Öle hinterlassen einen „Fettfleck", der aber bei Pfefferminz- und Zitronenöl nach etwa 30 Minuten sichtbar schwächer geworden ist. Nach einigen Stunden ist er sogar ganz verschwunden.

Auswertung

Fette und fette Öle (hier: Olivenöl), Mineralöle (hier: Nähmaschinenöl) als auch etherische Öle (hier: Pfefferminz- und Zitronenöl) verursachen „Fettflecke", die jedoch im letzteren Falle nicht beständig sind (etherisch = flüchtig).

Anmerkungen

Etherische Öle bestehen u. a. aus Alkoholen, Estern, Ketonen, Aldehyden, Terpenen (hydroaromatische Naturstoffe) und kommen in Blättern, Blüten, Früchten und Wurzeln zahlreicher Pflanzen vor.

1.5 Fettgewinnung: Ausschmelzen von tierischem Fett

Geräte

Messer
Pinzette
Löffel
2 Abdampfschalen
Dreifuß
Wärmeschutznetz
Wärmeschutzplatte
Thermometer, -10 ... +360 °C
Brenner

Chemikalien

Speck, fett

Warnhinweise

Achtung, Spritzgefahr! Schutzbrille tragen!

1 Fette

Durchführung

Man gibt in eine Abdampfschale drei Löffel kleingeschnittenen Speck (ca. 10 g) und erhitzt diesen vorsichtig. Sobald die entstehende Flüssigkeit eine Temperatur von 220 °C erreicht hat, Versuch beenden und die „ausgelassenen" Speckstückchen mit Hilfe einer Pinzette entfernen.

Beobachtung

Nach dem Erkalten verbleibt in der ersten Abdampfschale eine weiße halbfeste Masse.

Auswertung

Das im Speck sowie Flomen des Schweins enthaltene Fett schmilzt bei Temperaturen zwischen 35 und 45 °C, dehnt sich aus und zerstört dabei die Zellwände. Das freiwerdende Schweineschmalz ist ein Gemisch aus Glyceriden verschiedener Fettsäuren (Öl-, Palmitin-, Linol-, Stearin- und Myristinsäure). Auch die normalerweise durch Sieben zurückgehaltenen Restbestandteile, die Grieben, werden für die menschliche Ernährung genutzt.

Anmerkungen

Schüler halten im allgemeinen nur siedende Flüssigkeiten für heiß. Der Versuch ist gut dazu geeignet, diese Fehleinschätzung zu korrigieren. Der Siedebereich des Schweineschmalzes reicht von 230 bis 291 °C. Zum Thema „Geschmacksproben" vgl. Versuch 1.11, Schmalz jedoch für weitere Untersuchungen kühl aufbewahren!

1.6 Fettgewinnung: Extraktion von pflanzlichem Fett

Geräte

Mörser
Pistill
Meßpipette, 5 ml

Chemikalien

Haselnußkerne
Benzin (Ligroin), 90 - 100 °C

1 Fette

Geräte

Glasstab
Rundfilter

Warnhinweise

Ligroin ist leicht entzündlich! Alle Flammen löschen!

F

Durchführung

Zwei Haselnußkerne werden im Mörser fein zerrieben und anschließend mit 4 ml Benzin übergossen. Nachdem man mit dem Glasstab mehrmals durchgerührt hat und die festen Bestandteile sich abgesetzt haben, gießt man die Flüssigkeit auf ein Rundfilter. Dieses wird unter den Abzug gelegt und nach Verdunsten des Lösemittels gegen das Licht betrachtet.

Beobachtung

Auf dem Filterpapier bleibt ein „Fettfleck" zurück.

Auswertung

Pflanzliche Fette und Öle lassen sich mit Hilfe von organischen Lösemitteln (Benzin, Trichlorethen, Tetrachlorethen) extrahieren. Dies erfolgt häufig im Anschluß an das Auspressen, um aus dem „Preßkuchen" das restliche Fett zu gewinnen.

Anmerkungen

Die Extraktion pflanzlicher Fette durch bestimmte Lösemittel gilt - auch bei der Verwendung von n-Hexan - als nicht gänzlich unumstritten. Das Auspressen von Ölsaaten bzw. -früchten kann man gut mittels einer Zwiebelpresse veranschaulichen.
Entsorgung: Rückstände im Mörser erst nach vollständigem Verdunsten (Abzug!) des Benzins in den Müll geben.

1 Fette

1.7 Fette: Zusammensetzung und Aufbau

Geräte

Verbrennungslöffel
Stativplatte
Stativstange
Doppelmuffe
Universalklemme
Wärmeschutzplatte
Abdampfschale
Becherglas, 250 ml
Pinzette
Reagenzglas, schwer schmelzbar
Rundfilter
Schere

Chemikalien

Speiseöl, - fett
Cobaltchloridpapier
destilliertes Wasser
Universalindikatorpapier
Schiffs Reagenz

Warnhinweise

T Xi Achtung, Spritzgefahr durch heißes Fett, Schutzbrille tragen! Zweiten Teil des Versuchs unter dem Abzug vornehmen! Cobalt(II)-chlorid ist giftig beim Verschlucken! Cobaltchloridpapier nur mit der Pinzette berühren! Schiffs Reagenz reizt Augen, Atmungsorgane und Haut!

Durchführung

Zunächst wird ein zur Hälfte mit Speiseöl (-fett) gefüllter Verbrennungslöffel mit dem Brenner erhitzt, bis das Fett in Brand gerät. Über dieses hält man nun nacheinander eine Abdampfschale und ein kaltes Becherglas. Der sich bildende Beschlag ist mit Cobaltchloridpapier zu prüfen.
Dann gibt man in ein Reagenzglas 1 cm hoch Speiseöl (-fett) und erhitzt kräftig. In die entstehenden Dämpfe wird ein angefeuchtetes Universalindikatorpapier und anschließend ein mit Schiffs Reagenz getränkter Filterpapierstreifen getaucht (Beide Testpapiere dürfen nicht tropfen!).

Beobachtung

Die Abdampfschale färbt sich schwarz, das Becherglas beschlägt, das blaue Cobaltchloridpapier wird rosa. Die Farbe des Universalindikatorpapiers schlägt um in den sauren Bereich, der Filterpapierstreifen nimmt eine violette Färbung an. Außerdem nimmt man einen stechenden Geruch nach angebranntem Fett wahr.

Auswertung

Der erste Teil des Versuchs zeigt, daß die Elemente Kohlenstoff (Ruß), Wasserstoff und Sauerstoff (Wasser) am Aufbau der Fette beteiligt sind. Im nachfolgenden Versuchsabschnitt ergeben sich Rückschlüsse auf die Hauptbestandteile von Fetten, nämlich die Fettsäuren und das Glycerin, das durch Wasserabspaltung in Acrolein, ein Alkanal, übergeht.

Anmerkungen

Die sog. Acroleinprobe kann auch unter Verwendung von Natrium- oder Kaliumhydrogensulfat als Katalysator durchgeführt werden. Schiffs Reagenz läßt sich durch Entfärbung von Fuchsinlösung (0,025 g Fuchsin auf 100 ml dest. Wasser) mit Schwefeldioxid herstellen. Cobaltchloridpapier erhält man durch Tränken von Filterpapierstreifen in konz. Cobalt(II)-chloridlösung und anschließendem Trocknen.
Entsorgung der Testpapiere in den Behälter für „Feststoffe".

1.8 Nachweis von Cholesterin (Cholesterol)

Geräte

2 Reagenzgläser
Reagenzglasständer
2 Meßpipetten, 5 ml
Tropfpipette
Spatel

Chemikalien

Petrolether
Schwefelsäure, konz.
Eisen(III)-chloridlösung, 5%ig
Butter

1 Fette

F+
C
Xn
Xi

Warnhinweise

Petrolether ist hoch entzündlich! Alle Flammen löschen! Konzentrierte Schwefelsäure verursacht schwere Verätzungen! Schutzbrille und Schutzhandschuhe tragen! Eisen(III)-chlorid ist gesundheitsschädlich beim Verschlucken und reizt Augen sowie Haut!

Durchführung

1 Spatelspitze Butter wird in 2 ml Petrolether durch Schütteln gelöst. Anschließend unterschichtet man den Inhalt des Reagenzglases mit 2 ml konzentrierter Schwefelsäure (versetzt mit 3 Tropfen Eisen(III)-chloridlösung) vorsichtig unter Verwendung einer Pipette.

Beobachtung

An der Grenzschicht bildet sich ein braunvioletter Farbring.

Auswertung

Cholesterin reagiert mit Schwefelsäure zu einem Farbkomplex, der durch die Beteiligung des Eisen(III)-chlorids kräftiger ausfällt (braunviolett statt rötlich). Insgesamt handelt es sich bei dieser Nachweismethode von „Zak" um eine biochemische Reaktion, die sich einer genauen Erklärung entzieht.

Anmerkungen

Bei Cholesterin (Cholesterol) handelt es sich um einen Begleitstoff tierischer und menschlicher Fette. Das Cholesterinmolekül weist eine Hydroxylgruppe auf und gehört zur Gruppe der Sterole (früher: Sterine). Für die Entstehung von Arterienverkalkung wird ein zu hoher Blutcholesterinspiegel als mitverantwortlich angesehen, wobei jedoch die Relation von LDL (Low Density Lipoprotein) zu HDL (High Density Lipoprotein) zu beachten ist. Die Konzentration von LDL im Blut soll niedrig, die von HDL hoch sein. Hier bieten sich interessante Ansatzpunkte für den Unterricht im Hinblick auf Themen wie „Gesunde Ernährung" und „Butter oder Margarine?".

1 Fette

Entsorgung in Behälter für „mit Wasser nicht mischbare brennbare Lösemittelabfälle" und „Säuren, Laugen, Salze".

1.9 Unterscheidung von Butter und Margarine von ihren Halbfettprodukten (Schmelzprobe)

Geräte	Chemikalien
4 Reagenzgläser	Butter*
Reagenzglasständer	Margarine*
Spatel	Milchhalbfett*
Glasstab	Halbfettmargarine*
Fettstift	
Becherglas, 250 ml	* gekühlt
Dreifuß	
Wärmeschutznetz	
Thermometer, -10 ... +110 °C	
Brenner	

Warnhinweise

Durchführung

Annähernd gleiche Mengen (1 Spatel) Butter, Margarine, Milchhalbfett und Halbfettmargarine in vier verschiedene Reagenzgläser geben (kennzeichnen!) und im Wasserbad bei 70 °C zum Schmelzen bringen. Anschließend Reagenzgläser herausnehmen und betrachten (bei Butter und Margarine gegen das Licht halten).

Beobachtung

In allen Fällen erfolgt eine Trennung in zwei Phasen, nämlich in eine gelbliche Fettphase und eine weißliche (bei Halbfettmargarine klare) wässrige Phase/Emulsion, die für die Halbfettprodukte fast die Hälfte des

1 Fette

Reagenzglasinhaltes, ansonsten aber nur etwa 1/5 ausmacht. Die Fettschicht der Butter erscheint im Unterschied zur Margarine klar und durchsichtig.

Auswertung

Butter und Margarine enthalten etwa 16 % Wasser. Bei den Halbfettprodukten Milchhalbfett und Halbfettmargarine liegt der Wasseranteil bei über 50 %.

Anmerkungen

Aufgrund des hohen Wasseranteils sind die sogenannten „Leichten" zum Braten und Backen nicht geeignet (u. a. Spritzgefahr), wohl aber zu einer „kalorienbewußten Ernährungsweise", z. B. als Brotaufstrich. Der vielfach in der Literatur (noch) beschriebene Versuch zur Unterscheidung von Butter und Margarine über den Stärkenachweis gelingt meist nicht mehr, da ein Stärkezusatz in der Margarine nicht mehr zwingend vorgeschrieben ist.

1.10 Fluoreszenz von Fetten: Untersuchung der Butter auf Beimengung von Pflanzenfett

Geräte

2 Reagenzgläser
Reagenzglasständer
Meßpipette, 5 ml
Spatel
2 Stopfen
Pappe, schwarz
UV-Laborlampe

Chemikalien

Butter
Pflanzenfett-Butter-Mischung (käuflich)
Petrolether

Warnhinweise

F+ Petrolether ist hoch entzündlich! Alle Flammen löschen! Nicht unmittelbar ins UV-Licht schauen!

1 Fette

Durchführung

Eine halbe Spatelportion Butter und die gleiche Menge der Pflanzenfett-Butter-Mischung werden unter Schütteln (Stopfen!) in je 5 ml Petrolether vollständig gelöst. Anschließend bringt man die beiden Reagenzgläser gegen einen schwarzen Hintergrund in den Lichtgang einer UV-Lampe (Raum gut verdunkeln!).

Beobachtung

Die beiden Fettlösungen leuchten unterschiedlich auf, und zwar die Butter kanariengelb, die Pflanzenfett-Butter-Mischung weißlichgelb.

Auswertung

Viele Fette und fette Öle fluoreszieren und lassen dabei charakteristische Färbungen erkennen. Unter Fluoreszenz versteht man ganz allgemein die Erscheinung, daß Stoffe durch Einwirkung von Licht-, Röntgen- oder Teilchenstrahlen zur Aussendung einer Sekundärstrahlung angeregt werden, jedoch kein Nachleuchten zeigen (= Phosphoreszenz).

Anmerkungen

Steht eine fertige Pflanzenfett-Butter-Mischung (sog. Melange) nicht zur Verfügung, so kann man diese aus 4 Teilen Sojaöl und 1 Teil Butter selbst herstellen.
Entsorgung in den Behälter für „mit Wasser nicht mischbare brennbare Lösemittelabfälle".

1.11 Margarineherstellung

Geräte	Chemikalien
Becherglas, 250 ml	Kokosfett[*]
Löffel	Speiseöl
Meßpipette, 5 ml	Vollmilch
Spatel	Eidotter

1 Fette

Geräte	Chemikalien
Glasstab	Kochsalz
Plastikwanne	

* nicht gekühlt

Warnhinweise

Durchführung

Man gibt in ein Becherglas drei Löffel weiches Kokosfett, einen Löffel Speiseöl, 2 ml Vollmilch, einen Löffel Eigelb sowie eine Spatelspitze Kochsalz. Der Inhalt des Becherglases wird sodann durch rasches Umrühren mit einem Glasstab gut vermischt (Dabei Becherglas in der Hand halten! Handwärme!). Anschließend stellt man das Becherglas in eine Plastikwanne mit kaltem Wasser.

Beobachtung

Es entsteht eine goldgelbe, cremige Masse.

Auswertung

Margarine stellt eine sogenannte Wasser-in-Fett-Emulsion dar (Vgl. Versuch 7.3!). Sie besteht zu mindestens 80 % aus Fett, der Rest ist größtenteils Wasser. Dieses kann in Form von Milch zugesetzt werden. Inhaltsstoffe der Milch (Casein, Albumin) und das Lecithin des Eidotters dienen als „Emulgatoren". Das Eigelb verleiht der Margarine ein butterfarbenes Aussehen. Zusätzlich zu dem in pflanzlichen Fetten und Ölen natürlich vorkommenden Vitamin E wird sie häufig „vitaminiert".

Anmerkungen

Zwecks einer besseren Durchmischung können die Fette auch kurz erwärmt werden, jedoch benötigt man dann zum Kühlen außerdem noch Eiswürfel. Auf Geschmacksproben sollte man im Chemieunterricht verzichten; der Versuch läßt sich aber ohne weiteres in der Lehrküche durchführen.

1 Fette

1.12 Unterscheidung von Fettsäuren

Geräte

3 Reagenzgläser
Reagenzglasständer
Pinzette
1 Paar Einmal-Handschuhe
4 Meßpipetten, 5 ml
3 Stopfen

Chemikalien

Kaliumpermanganat
destilliertes Wasser
Schwefelsäure, 10%ig
Benzin (Ligroin), 90 - 100 °C
Ölsäure
Buttersäure

Warnhinweise

Schwefelsäure reizt Augen und Haut! Ligroin ist leicht entzündlich! Alle Flammen löschen! Buttersäure verursacht Verätzungen! Schutzbrille und Schutzhandschuhe tragen!

Xi
F
C

Durchführung

Zunächst stellt man aus destilliertem Wasser (ein halbes Reagenzglas), Kaliumpermanganat (ein Kristall) und verdünnter Schwefelsäure (3 ml) eine „schwefelsaure" Kaliumpermanganatlösung her. Nun werden jeweils 2 ml Ölsäure bzw. Buttersäure (Handschuhe!) in je 5 ml Benzin durch Schütteln gelöst. Danach füllt man beide Reagenzgläser mit dem Testreagenz auf die doppelte Menge auf und schüttelt kräftig durch.

Beobachtung

Nur im Reagenzglas, das Ölsäure enthält, erfolgt eine Entfärbung der violetten Kaliumpermanganatlösung (u. U. entsteht ein brauner Niederschlag).

Auswertung

Das Ölsäuremolekül weist eine C=C-Doppelbindung auf, während bei der Buttersäure lediglich C-C-Einfachbindungen vorhanden sind. Die „schwefelsaure" Kaliumpermanganatlösung setzt Sauerstoff frei, der seinerseits die

1 Fette

Aufspaltung der Doppelbindungen bewirkt. Dabei bildet sich meist Mangan(II)-sulfat (zuweilen auch Mangan(IV)-oxidhydrat). Ölsäure zählt zu den ungesättigten, Buttersäure zu den gesättigten Fettsäuren. Erstere sind wesentlich reaktionsfreudiger.

Anmerkungen

Fette und fette Öle, die ein- oder auch mehrfach ungesättigte Fettsäuren im Molekül enthalten, sind leichter verdaulich. Außerdem können die sog. „essentiellen" (lebensnotwendigen) Fettsäuren wie beispielsweise die Linolsäure vom Organismus nicht selbst aufgebaut werden. Der Nachweis von Doppelbindungen gelingt auch mit Bromwasser und „sodaalkalischer" Kaliumpermanganatlösung (Baeyers' Reagenz). Buttersäure hat einen sehr unangenehmen Geruch, der auch von Glasgeräten schlecht zu entfernen ist. Entsorgung in die Behälter für „mit Wasser nicht mischbare brennbare Lösemittelabfälle" bzw. „Säuren, Laugen, Salze".

1.13 Schmelztemperatur und Wassergehalt von Schweineschmalz

Geräte

Reagenzglas
Spatel
Glasstab
Reagenzglasständer
Stativplatte
Stativstange
3 Doppelmuffen
2 Universalklemmen
Brenner
Thermometer, -10 ... +110 °C
Becherglas, 250 ml
Stativring
Wärmeschutznetz
Wärmeschutzplatte

Chemikalien

Schweineschmalz*

* gekühlt

1 Fette

Warnhinweise

Durchführung

Zunächst füllt man ein Reagenzglas ca. 5 cm hoch mit Schweineschmalz, bringt dieses zum Schmelzen, führt ein Thermometer so ein, daß die Quecksilberkugel allseits gut von flüssigem Fett umgeben ist, und läßt die Schmelze wieder erstarren. Nun wird das Reagenzglas im Wasserbad bei kleiner Flamme unter ständiger Kontrolle der Temperatur erwärmt, bis das Schmalz vollständig geschmolzen ist und gänzlich klar erscheint. Dann entfernt man das Wasserbad und achtet darauf, wann im Zuge der Abkühlung eine Trübung des Fetts eintritt.

Beobachtung

Schweineschmalz besitzt keine Schmelztemperatur, sondern einen Schmelzbereich. Bei Eintritt der Trübung ist das Fett noch flüssig.

Auswertung

Da Schweinefett - wie alle anderen Fette auch - aus gemischten Estern des Glycerins besteht, läßt sich nur ein Schmelzbereich (von 35 - 40 °C) angeben. Zwischen dem „Trübpunkt" und dem Wassergehalt besteht folgender Zusammenhang:

Trübpunkt [in °C]:	40,5	75,2	95,5
Wassergehalt [in %]:	0,15	0,30	0,45

Anmerkungen

Der Wassergehalt von Schweineschmalz darf maximal 0,5 % betragen. Exakte Schmelzpunkt(-bereich)bestimmungen setzen die Verwendung eines entsprechenden Apparates oder hilfsweise von Kapillarröhrchen voraus, die mit Fett gefüllt und an einem Thermometer befestigt im Wasserbad erwärmt werden.

1 Fette

1.14 Flammpunkt (Löschen von Fettbränden)

Geräte
Sandbadschale
2 Wärmeschutznetze
Wärmschutzplatte
Dreifuß
Löffel
Brenner
Holzspan
Schutzscheibe

Chemikalien
Speiseöl
destilliertes Wasser in Spritzflasche

Warnhinweise

Achtung! Beim Löschversuch entsteht eine Stichflamme! Schutzscheibe aufstellen! Schutzbrille tragen! Ausschließlich Lehrerversuch, der vorher mit aller Vorsicht geübt werden sollte.

Durchführung

In einer Sandbadschale wird ein Löffel Speiseöl (ca. 3 ml) erhitzt. Die entweichenden Dämpfe versucht man mit einem brennenden Holzspan zu entzünden. Sobald das Fett brennt, spritzt man kurz Wasser in die Flamme.

Beobachtung

Die heißen Fettdämpfe lassen sich entzünden. Der Fettbrand kann mit Wasser nicht gelöscht werden. Es bildet sich eine Stichflamme.

Auswertung

Der Flammpunkt (d. h. die Temperatur, bei der sich genügend Dämpfe entwickelt haben, so daß sie im Gemisch mit Luft kurzfristig entzündet werden können) liegt stets etwas niedriger als der Brennpunkt und ist bei Fetten zwischen 250 und 300 °C anzusetzen. Da das Öl auf dem Wasser schwimmt, gelingt ein Löschversuch nicht. Infolge der starken Hitze verdampft ein Teil des Wassers sofort und reißt brennendes Fett mit.

1 Fette

Anmerkungen

Den Brand ggf. mit einem Wärmeschutznetz ersticken. Gerade im Zusammenhang mit der Selbstentzündung von überhitztem Fett oder Öl kommt es, zusätzlich noch verschärft durch Löschversuche mit Wasser, zu schlimmen Personen- und Sachschäden. Es ist darauf hinzuweisen, daß Speisen mit Fetten oder Ölen (z. B. Pommes frites) nur unter Aufsicht zubereitet werden dürfen. Genaue Flammpunktbestimmungen setzen entsprechende Geräte (Zündlanze, Deckscheibe usw.) voraus.

1.15 Verseifung von Fetten

Geräte

2 Reagenzgläser
Regaenzglasständer
2 Meßpipetten, 5 ml
2 Tropfpipetten
Fettstift
Becherglas, 250 ml
Dreifuß
Wärmeschutznetz
Brenner
2 Stopfen

Chemikalien

Natrolauge, 32%ig
Ethanol, absolut
Speiseöl
Nähmaschinenöl
Siedesteinchen

Warnhinweise

Natronlauge verursacht schwere Verätzungen! Schutzbrille und Schutzhandschuhe tragen! Ethanol ist leicht entzündlich! Alle Flammen löschen!

C
F

Durchführung

In je ein Reagenzglas werden 2 ml Natronlauge und 2 ml Ethanol sowie zwei Siedesteinchen gegeben. Nun fügt man einmal fünf Tropfen Speiseöl und einmal fünf Tropfen Nähmaschinenöl hinzu, kennzeichnet ggf. die Reagenzgläser am oberen Rand mit einem Fettstift und läßt deren Inhalt

1 Fette

etwa drei Minuten lang im Wasserbad sieden. Nach Abkühlung zum verbliebenen Rest jeweils die gleiche Menge Wasser hinzufügen und kräftig schütteln (Stopfen!).

Beobachtung

Im Reagenzglas, das Speiseöl enthielt, ist Seife entstanden, die mit Wasser Schaumbildung zeigt. Zwischen dem Mineralöl und der Lauge hat keine Reaktion stattgefunden. Es schwimmt größtenteils unverändert auf der wäßrigen Flüssigkeit.

Auswertung

Natronlauge bildet mit pflanzlichen Ölen und Fetten Kernseifen (Natriumverbindungen der Fett- bzw. Carbonsäuren). Außerdem entsteht bei dieser Reaktion Glycerin. Mit mineralischen Ölen erfolgt keine Verseifung, da Alkane keine Esterbindung besitzen. Dies gestattet eine Unterscheidung der beiden Stoffgruppen. Das zugesetzte Ethanol dient dazu, die Löslichkeit der beteiligten Öle zu erhöhen.

Anmerkungen

Die Verwendung von Kalilauge liefert Schmierseifen. Wird die Verseifung unter standardisierten Bedingungen durchgeführt, so ermöglicht dies über die Bestimmung der Verseifungszahl den Nachweis von Beimengungen zu pflanzlichen Ölen oder Fetten.
Entsorgung in den Behälter für „Säuren, Laugen, Salze".

2 Kohlenhydrate

2.1 Herstellung von Kunsthonig

Geräte

Abdampfschale
Löffel
Tropfpipette
Glasstab
Dreifuß
Wärmeschutznetz
Brenner

Chemikalien

Saccharose
Milchsäure, reinst

Warnhinweise

Milchsäure verursacht Verätzungen! Schutzbrille und Schutzhandschuhe tragen! **C**

Durchführung

In einer Abdampfschale werden 5 Löffel Saccharose in der doppelten Menge Wasser gelöst und mit 3 Tropfen Milchsäure versetzt. Unter ständigem Rühren erhitzt man die Lösung bei kleiner Flamme solange, bis etwa 2/3 des Wassers verdampft sind.

Beobachtung

In der Abdampfschale hat sich eine zähe, klebrige Masse von gelbbraunem Aussehen gebildet, die einen honigähnlichen Geschmack besitzt.

Auswertung

Durch Einwirkung der Milchsäure (Katalysator) erfolgt eine Hydrolyse der Saccharose in Glucose und Fructose. Dieses Gemisch bezeichnet man auch als Invertzucker.

2 Kohlenhydrate

Anmerkungen

Invertzucker findet Verwendung bei der Herstellung von Kunsthonig, Marmeladen, Bonbons und Likören.
Bei Einsatz von Milchsäure anstelle der oft zur hydrolytischen Spaltung benutzten Salzsäure kann auf eine anschließende Neutralisation verzichtet werden; dadurch entfällt auch die geschmackliche Beeinträchtigung durch entstehendes Natriumchlorid.

2.2 Karamel - Zuckerkulör - Zuckerkohle

Geräte

Reagenzglas
Reagenzglasständer
Spatel
Reagenzglashalter
Brenner

Chemikalien

Saccharose

Warnhinweise

Durchführung

In einem Reagenzglas erhitzt man langsam bei kleiner Flamme einen halben Spatel voll Saccharose solange, bis Schwaden aufsteigen und sich ein schwarzer Rückstand bildet. Anschließend wird der Versuch wiederholt, jedoch beendet man ihn diesmal, sobald sich der Rohr-(Rüben-)zucker dunkelbraun gefärbt hat. Nach Abkühlung wird das zweite Reagenzglas 2 cm hoch mit Wasser gefüllt und unter Schütteln erwärmt.

Beobachtung

Die Saccharose schmilzt zunächst zu einer farblosen bis leicht gelblichen Flüssigkeit, die dann zunehmend bräunlicher - dabei zunächst noch aromatisch riechend - und schließlich schwarz wird. Die dunkelbraune Masse aus dem zweiten Reagenzglas löst sich gut in heißem Wasser.

2 Kohlenhydrate

Auswertung

Aus Rohr-(Rüben-)zucker entsteht durch vorsichtiges Erwärmen Bonbonzucker, der dann unter Wasserabspaltung in braunen Karamel, schwarzbraune Zuckerkulör und schließlich in schwarze Zuckerkohle übergeht. Während letztere in Wasser unlöslich ist, weist Zuckerkulör in Wasser (und Ethanol) eine gute Löslichkeit auf.

Anmerkungen

Zuckerkulör (E 150) dient in der Lebensmittelindustrie zur Färbung von Colagetränken, Malz- und Altbier, Bonbons, Likör, Essig u. a. Sie besitzt einen leicht bitteren Geschmack. Die thermische Zersetzung der Saccharose zu Zuckerkohle stellt einen „direkten" Kohlenstoffnachweis dar.

2.3 Zuckergewinnung aus Rüben

Geräte

Küchenreibe, grob
2 Küchentöpfe
Elektr. Heizplatte
Küchensieb, fein
Becherglas, 250 ml
Löffel
Siphon (f. Sahne/Soda)
Gummischlauch, 50 cm
Filtriergestell
Trichter, d= 100 mm
Faltenfilter
Wärmeschutznetz
Haushaltszentrifuge

Chemikalien

Zuckerrübe, ca. 500 g
Calciumhydroxid
3 „Kohlensäure"-Patronen
Universalindikatorpapier

2 Kohlenhydrate

Warnhinweise

C Calciumhydroxid und Calciumhydroxidlösung (Kalkmilch) verursachen Verätzungen! Schutzbrille und Schutzhandschuhe tragen!

Durchführung

Eine Zuckerrübe wird gesäubert, in Scheiben geschnitten und geraspelt. Anschließend gibt man die Zuckerrübenschnitzel in einen Topf, überbrüht sie mit ca. einem Liter heißem Wasser und kocht sie dann eine Stunde bei kleiner Flamme. Mit Hilfe eines Siebs werden dann Saft und Schnitzel getrennt. Nun bereitet man aus Calciumhydroxid und Wasser (zwei Löffel auf 250 ml) Kalkmilch und gießt diese unter Umrühren in den noch warmen Rohsaft. Nach Abkühlung wird mit einem Schlauch solange Kohlenstoffdioxid eingeleitet, bis sich ein pH-Wert von neun bis zehn einstellt. Jetzt muß die Lösung längere Zeit stehenbleiben, damit eine Absetzung der ausgeflockten und gefällten Nichtzuckerstoffe erfolgt. Dies erleichtert die nachfolgende Filtration. Der auf diese Weise gewonnene Dünnsaft wird nun bei kleiner Flamme eingedickt. Als günstig erweist sich dabei die Verwendung eines Wärmeschutznetzes. Sobald der Dicksaft sirupartig erscheint und die Kristallisation einsetzt, Erwärmung beenden und die entstandene Masse unter Zugabe von heißem Wasser zentrifugieren.

Beobachtung

In der Zentrifuge verbleibt Weißzucker, während Zuckersirup abgeschleudert wird.

Auswertung

Bei der Zuckergewinnung aus Rüben geht es zunächst darum, den enthaltenen Zucker (etwa 16 - 18 %) mit Hilfe von Wasser zu extrahieren und - nach Abtrennung der entzuckerten Schnitzel - eine Reinigung des Rohsaftes durch Kalkung, Carbonatation sowie Filtration vorzunehmen. Der Dünnsaft (Zuckergehalt ca. 14 %) wird durch Eindampfen in Dicksaft und letztlich in Füllmasse überführt. Diese besteht aus 45 % Zuckerkristallen und 55 % Zuckersirup. Eine abschließende Trennung erfolgt in Zentrifugen, wobei durch Zusetzen von heißem Wasser noch anhaftender Restsirup von den Kristallen entfernt wird.

Anmerkungen

Sollte keine Zentrifuge zur Verfügung stehen, so kann eine Auskristallisation auch durch Verdunstenlassen des noch enthaltenen Wassers erreicht werden.

2.4 Glucosenachweis nach Fehling und Trommer

Geräte

3 Reagenzgläser
Reagenzglasständer
5 [4] Meßpipetten, 5 ml
Spatel
Dreifuß
Wärmeschutznetz
Becherglas, 250 ml
Brenner

Chemikalien

Glucose
destilliertes Wasser
Fehlingsche Lösung I
Fehlingsche Lösung II
[Trommersche Lösung I
 (= 10%ige Kupfersulfatlösung)]
[Trommersche Lösung II
 (= 10%ige Natronlauge)]
Siedesteinchen

Warnhinweise

Fehlingsche Lösung II und Natronlauge verursachen Verätzungen! Schutzbrille und Schutzhandschuhe tragen! Beim Erhitzen Siedesteinchen hinzugeben! Kupfer(II)-sulfat ist gesundheitsschädlich beim Verschlucken!

Durchführung

In einem ersten Reagenzglas werden jeweils 2 ml Fehling I und II, in einem zweiten Reagenzglas jeweils 2 ml Trommer I und II gemischt (Anstelle der 10%igen Kupfersulfatlösung kann auch die Fehlingsche Lösung I verwendet werden.). Nun gibt man in beide Reagenzgläser 2 ml Glucoselösung

2 Kohlenhydrate

(1 Spatelspitze auf 4 ml destilliertes Wasser), fügt je ein Siedesteinchen hinzu (Siedeverzug!) und erhitzt im Wasserbad bis zum Sieden.

Beobachtung

Der Inhalt beider Reagenzgläser verfärbt sich von anfangs tiefblau bzw. hellblau über verschiedene Farbumschläge letztlich auf ziegelrot (Niederschlag!).

Auswertung

Glucose (Traubenzucker) reduziert Kupfer(II)-Komplexsalze zu rotem Kupfer(I)-oxid und wird dabei hauptsächlich zu Gluconsäure oxidiert. Bei der Reaktion nach Trommer ist zuweilen auch ein gelbroter Niederschlag von Kupfer(I)-hydroxid zu beobachten.

Anmerkungen

Sowohl die Fehlingsche als auch die Trommersche Probe stellen keinen spezifischen Glucosenachweis dar, da die beschriebene Reaktion ebenso mit anderen Zuckerarten (Aldosen = Aldehydzucker) und außerdem mit Alkanalen (Aldehyden) erfolgt. Fehling II kann aus Kaliumnatriumtartrat (Seignettesalz), Natriumhydroxid und destilliertem Wasser selbst hergestellt werden (90 : 30 : 500 g).
Entsorgung in Behälter für „Säuren, Laugen, Salze".

2.5 Unterscheidung von Glucose und Fructose („Zuckertest")

Geräte

2 Bechergläser, 100 ml
Spatel
Glasstab

Chemikalien

Glucose
Fructose
destilliertes Wasser
2 Glucose-Teststreifen

2 Kohlenhydrate

Warnhinweise

Durchführung

In je einem Becherglas wird eine Spatelspitze Glucose bzw. Fructose in destilliertem Wasser aufgelöst. Anschließend taucht man jeweils einen Glucose-Teststreifen in die Traubenzucker- und in die Fruchtzuckerlösung. Nach entsprechender Zeit (Vgl. Produktbeschreibung) ist die Testzone auf Farbveränderung zu prüfen.

Beobachtung

Bei Glucose erfolgt ein Farbumschlag von gelb nach grün bzw. von rosa nach violett (abhängig vom verwendeten Teststreifen), bei Fructose nicht.

Auswertung

Glucose-Teststreifen enthalten u. a. das Enzym Glucoseoxidase, das Glucose - und nur diese - zunächst in Gluconsäure und dann in Gluconolacton überführt. Bei dieser Reaktion entsteht außerdem Wasserstoffperoxid, das durch Sauerstoffabspaltung die Farbreaktion bewirkt.

Anmerkungen

Bei ständig erhöhtem Glucosegehalt im Blut und Übertritt der Glucose in den Harn spricht man in der Medizin von „Diabetes mellitus" („Zucker"), einer chronischen Stoffwechselkrankheit, die zu lebensbedrohlichen Zuständen führen kann. In der BRD sind mehr als 3 Millionen Menschen zuckerkrank! Glucose-Teststreifen zeigen bereits Konzentrationen von 10 mg Glucose pro 100 ml Harn an.

2.6 Untersuchung von Honig

Geräte

4 Bechergläser, 100 ml
Meßzylinder, 50 ml

Chemikalien

Honig, naturbelassen[*]
Honig, erhitzt[#]

2 Kohlenhydrate

Geräte

Spatel
Glasstab
3 Reagenzgläser
Fettstift
Reagenzglasständer
Meßpipette, 5 ml
Becherglas, 250 ml
Dreifuß
Wärmeschutznetz
Brenner
Thermometer, -10 ... +110 °C
Tropfpipette

Chemikalien

Kunsthonig
destilliertes Wasser
Stärke, löslich
Iod-Kaliumiodidlösung

* kalt geschleudert und kalt abgefüllt
# z. B. billiger Importhonig

Warnhinweise

 Iod-Kaliumiodidlösung (Lugolsche Lösung) wirkt gesundheitsschädlich bei Berührung mit Haut und Augen sowie beim Verschlucken!

Durchführung

In drei Bechergläsern wird in jeweils 10 ml destilliertem Wasser je ein halber Spatel der Honigproben unter Umrühren gelöst. Aus einer Spatelspitze Stärke und 10 ml aqua dest. stellt man dann eine etwa 1%ige Lösung her. Nun werden drei Reagenzgläser mit 5 ml Honig- und 1 ml Stärkelösung gefüllt. Reagenzgläser mit Fettstift kennzeichnen und anschließend im Wasserbad bei 40 °C ca. eine Stunde lang erwärmen (Temperatur kontrollieren und Brenner von Zeit zu Zeit entfernen!). Nach Abkühlung gibt man in jedes Reagenzglas 3 Tropfen Iod-Kaliumlösung.

Beobachtung

Bei Kunsthonig tritt immer, bei billigem Importhonig meist eine Blaufärbung ein. Der Inhalt des dritten Reagenzglases verfärbt sich gelb.

2 Kohlenhydrate

Auswertung

Naturhonig enthält u. a. die Fermente Diastase (Amylase) und Invertase (Saccharase), die Stärke bzw. Saccharose in Einfachzucker umwandeln. Beide Enzyme sind hitzeempfindlich (Zerstörung bei Temperaturen über 70 °C) und fehlen im Kunsthonig völlig.

Anmerkungen

Importhonig wird häufig in Fässern transportiert und muß zwecks Abfüllung oft erwärmt werden. Geschieht dies nicht vorsichtig genug, büßt der Honig an Qualität ein. Zuweilen wird Honig auch absichtlich erhitzt, um ihn länger haltbar zu machen. Geringe Beimengungen von Kunsthonig kann man nur sehr schwer nachweisen. Bienenhonig an sich stellt ein gesundes Lebensmittel dar („Bienentod" verhindert Schadstoffbelastung.), fördert aber aufgrund seiner Haftung an den Zähnen mehr den Karies als Zucker.

2.7 Silberspiegelprobe auf Glucose

Geräte

2 Reagenzgläser
Reagenzglasständer
Spatel
Tropfpipette
Reagenzglaszange
Brenner

Chemikalien

Silbenitratlösung, 5%ig
Ammoniaklösung, 10%ig
Glucose
destilliertes Wasser

Warnhinweise

Silbernitratlösung verursacht Verätzungen! Ammoniaklösung reizt Augen, Atmungsorgane und Haut! Schutzbrille und Schutzhandschuhe tragen! Ammoniakalische Silbernitratlösung (Tollens Reagenz) stets nur in der benötigten Menge ansetzen und nicht aufbewahren (s. Anmerkungen)!

2 Kohlenhydrate

Durchführung

Zunächst gibt man in ein Reagenzglas 2 cm hoch destilliertes Wasser und löst darin eine Spatelspitze Glucose. In einem zweiten Reagenzglas wird zu Silbernitratlösung (1 cm hoch) solange unter Schütteln tropfenweise Ammoniaklösung zugesetzt, bis ein anfangs entstandener Niederschlag eben wieder verschwindet. Nun fügt man die Hälfte der Traubenzuckerlösung zur ammoniakalischen Silbernitratlösung hinzu und erhitzt bei kleiner Flamme vorsichtig bis knapp zum Sieden.

Beobachtung

Der Inhalt des Reagenzglases wird allmählich dunkel; schließlich bildet sich an der Innenseite des Reagenzglases ein „Silberspiegel".

Auswertung

Glucose wirkt, besonders in basischer Lösung, stark reduzierend. Dadurch erfolgt eine Reduktion der Silberionen zu Silberatomen, die sich zum Teil an der Glasoberfläche absetzen. Glucose wird dabei zu Gluconsäure oxidiert.

Anmerkungen

Zur Silberspiegelprobe sollten neue oder zumindest mit Aceton entfettete Reagenzgläser verwendet werden. Die Reaktion nach Tollens, wie die hier beschriebene Reduktion von Silber-Ionen genannt wird, ist nicht spezifisch für Traubenzucker, da sie auch mit anderen reduzierenden Stoffen (Aldehyden) eintritt. Bei Aufbewahrung von ammoniakalischer Silbernitratlösung können explosive Silberverbindungen entstehen.
Entsorgung in den Behälter für „Säuren, Laugen, Salze".

2.8 Untersuchung von Früchten und Säften auf Traubenzucker (Glucose)

Geräte

Messer
Mörser
Pistill
Reagenzglas
Glasstab
Trichter
Faltenfilter
Filtriergestell
2 Bechergläser, 100 ml
Reagenzglasgestell
3 Meßpipetten, 5 ml
Reagenzglaszange
Brenner

Chemikalien

Apfelschnitz
destilliertes Wasser
Fruchtsaft (ohne Zuckerzusatz)
Fehlingsche Lösung I
Fehlingsche Lösung II
Siedesteinchen
Glucose-Teststreifen

Warnhinweise

Fehlingsche Lösung II verursacht schwere Verätzungen! Schutzbrille und Schutzhandschuhe tragen! Beim Erhitzen Siedesteinchen hinzufügen! Fehlingsche Lösung I ist gesundheitsschädlich beim Verschlucken!

C
Xn

Durchführung

Ein Apfelschnitz wird mit dem Messer zerkleinert und anschließend im Mörser zerrieben. Nachdem man ein Reagenzglas voll destilliertes Wasser hinzugefügt und nochmals umgerührt hat, wird in ein Becherglas filtriert. Von dem Filtrat werden 2 ml zu einem Gemisch aus 2 ml Fehling I und der gleichen Menge Fehling II in ein Reagenzglas gegeben. Anschließend erhitzt man unter Schütteln vorsichtig bis zum Sieden.
Ein Becherglas wird 2 cm hoch mit Fruchtsaft gefüllt. Sodann taucht man kurz einen Glucose-Teststreifen in die Flüssigkeit.

2 Kohlenhydrate

Beobachtung

Im ersten Fall entsteht letztlich ein ziegelroter Niederschlag, im zweiten Fall verfärbt sich das Testfeld. Ein Vergleich mit einer evtl. vorgegebenen Farbskala gestattet eine halbquantitative Bestimmung des Glucosegehaltes.

Auswertung

Vgl. hierzu die Versuche 2.4 und 2.5!

Anmerkungen

Die Auswahl der Nachweismethode sollte u. a. in Abhängigkeit von der Farbe der Untersuchungssubstanz, der Experimentierfertigkeiten, der zur Verfügung stehenden Zeit und der beabsichtigten Aussagekraft erfolgen. Die Extraktion der Glucose kann auch durch kurzes Aufkochen der zerkleinerten Früchte vorgenommen werden.
Entsorgung ggf. in den Behälter für „Säuren, Laugen, Salze".

2.9 Überführung von Doppelzuckern in Einfachzucker (Hydrolyse) - Nachweis der Fructose durch die Seliwanow-Reaktion

Geräte

3 Reagenzgläser
Reagenzglasständer
Spatel
Tropfpipette
Reagenzglaszange
Brenner
Pinzette

Chemikalien

destilliertes Wasser
Saccharose
Salzsäure, 10%ig
Glucose-Teststreifen
Resorcin

2 Kohlenhydrate

Warnhinweise

Salzsäure reizt Augen und Atmungsorgane! Resorcin ist gesundheitsschädlich beim Verschlucken und reizt Augen sowie Haut! Schutzbrille und Schutzhandschuhe tragen!

Xi
Xn

Durchführung

Eine Spatelspitze Saccharose wird in einem Reagenzglas in destilliertem Wasser (ca. 2 cm hoch) gelöst. Nach Zugabe von fünf Tropfen verdünnter Salzsäure erhitzt man bis zum Sieden und gibt die Hälfte der Lösung in ein zweites Reagenzglas. Der Inhalt eines Glases wird mit einem Glucose-Teststreifen geprüft. In das andere fügt man weitere fünf Tropfen Salzsäure sowie einen Kristall Resorcin hinzu und erwärmt nochmals bis zum Sieden.

Beobachtung

Der Glucose-Teststreifen verfärbt sich grün bzw. violett (in Abhängigkeit vom verwendeten Teststreifen). Die Flüssigkeit im zweiten Reagenzglas nimmt eine Rotfärbung an.

Auswertung

Saccharose wird in der Wärme durch Säureeinwirkung hydrolytisch gespalten. Dabei entstehen aus dem Disaccharid die beiden Monosaccharide Glucose und Fructose. Der Nachweis des Traubenzuckers erfolgt mittels eines Teststreifens (Vgl. dazu Versuch 3.5!), der des Fruchtzuckers nach Seliwanow. Fructose bildet als Ketose mit Säuren 5-Hydroxymethylfurfurol, das mit Resorcin eine empfindliche Farbreaktion ergibt.

Anmerkungen

Resorcin (m-Dihydroxybenzol) wird in manchen (meist ostdeutschen) Lehrbüchern unter der Bezeichnung „Resorcinol" geführt. Unter „Hydrolyse" bzw. „hydrolytisch" versteht man die Aufspaltung einer Verbindung unter Mitwirkung des Wassers.
Entsorgung nach Neutralisation in den Behälter für „mit Wasser nicht mischbare brennbare Lösemittelabfälle".

2 Kohlenhydrate

2.10 Elementaranalyse von Mono-, Di- und Polysacchariden

Geräte

3 Reagenzgläser
Reagenzglasständer
Spatel
Stativplatte
Stativstange
Doppelmuffe
Universalklemme
Brenner
Wärmeschutzplatte
Pinzette

Chemikalien

Glucose
Saccharose
Stärke
Cobaltchloridpapier

Warnhinweise

T Cobalt(II)-chlorid ist giftig beim Verschlucken! Cobaltchloridpapier nur mit der Pinzette berühren!

Durchführung

Man gibt in ein Reagenzglas einen Spatel Glucose, spannt es waagerecht ein und erwärmt zunächst mit kleiner Flamme. Die sich etwa in der Mitte des Glases bildenden Flüssigkeitströpfchen werden mit Cobaltchloridpapier geprüft. Anschließend erhitzt man kräftiger für die Dauer von ca. zwei Minuten.
Mit Saccharose und Stärke ist in der gleichen Weise zu verfahren.

Beobachtung

Das Cobaltchloridpapier rötet sich dort, wo es benetzt wird. Im Reagenzglas verbleibt ein schwarzer Rückstand.

2 Kohlenhydrate

Auswertung

Kohlenhydrate wie Traubenzucker, Rüben- bzw. Rohrzucker und Stärke zersetzen sich in der Wärme. Dabei spalten sich Wasserstoff und Sauerstoff ab. Sie lassen sich als Wasser nachweisen. Beim Rückstand handelt es sich um elementaren Kohlenstoff.

Anmerkungen

Der Versuch stellt lediglich eine qualitative Analyse der verschiedenen Saccharide dar, wobei natürlich auch Unterschiede beim Erwärmen deutlich werden. (Vgl. dazu Versuch 2.2). Wird das Cobaltchloridpapier selbst hergestellt, so sollten die Filterpapierstreifen eine Länge von ungefähr 8 cm erhalten. Entsorgung des Testpapiers in den Behälter für „Feststoffe".

2.11 Kleisterherstellung

Geräte

Abdampfschale
Löffel
Glasstab
Dreifuß
Wärmeschutznetz
Brenner

Chemikalien

Stärke

Warnhinweise

Durchführung

In einer Abdampfschale werden 2 Löffel Stärke unter ständigem Umrühren vorsichtig erhitzt, ohne daß es zu einer allmählich einsetzenden Verkohlung kommt. Sobald die Substanz ein gelbliches Aussehen angenommen hat, läßt man das Ganze abkühlen und verrührt das Pulver mit etwas Wasser zu einem Brei. Damit werden sodann 2 Papierstücke zusammengeklebt.

2 Kohlenhydrate

Beobachtung

Das entstandene gelbe Pulver eignet sich zum Kleben von Papier.

Auswertung

Durch Erhitzen auf 180 - 200 °C entsteht aus Stärke Dextrin (Stärkegummi). Dabei zerfallen die großen Stärkemoleküle in kleinere Moleküle, die Dextrine. Hierbei handelt es sich aber immer noch um Polysaccharide.

Anmerkungen

Der Abbau der Stärke zu Dextrinen kann auch durch Kochen mit verdünnten Säuren oder durch Enzyme erfolgen. Dextrine finden außer bei der Herstellung von Klebstoffen Verwendung für Appreturzwecke bei Textilien.

2.12 Gewinnung und Nachweis von Stärke

Geräte

Messer
Tropfpipette
Küchenreibe, fein
2 Bechergläser, 600 ml
Glasstab
Trichter
Leinentuch
Filtriergestell
Meßpipette, 5 ml
Abdampfschale
Reagenzglas
Spatel
Stopfen
Reagenzglasständer

Chemikalien

2 Kartoffeln
Iodkaliumiodidlösung

2 Kohlenhydrate

Warnhinweise

Iodkaliumiodidlösung (Lugolsche Lösung) wirkt gesundheitsschädlich bei Berührung mit Haut und Augen sowie beim Verschlucken! **Xn**

Durchführung

Zunächst gibt man auf eine dünne Kartoffelscheibe einen Tropfen Iodkaliumiodidlösung. Der Rest der Kartoffeln wird kleingerieben und in ein Becherglas geschüttet. Nun füllt man das Becherglas mit Wasser auf und rührt mit einem Glasstab gut durch. Danach wird durch ein Leinentuch in ein zweites Becherglas filtriert (Leinentuch ausquetschen!). Sobald sich ein weißer Bodensatz gebildet hat, die überstehende Flüssigkeit vorsichtig bis auf einen kleinen Rest abschütten, mit Wasser erneut auffüllen, umrühren und wieder absetzen lassen. Anschließend wird der Vorgang noch einmal wiederholt, dann aber das fast klare Wasser restlos entfernt (Pipette benutzen!). Den Bodensatz läßt man bis auf eine Spatelspitze, die man in einem Reagenzglas mit 5 ml destilliertem Wasser mischt, in einer Abdampfschale trocknen. Zum Inhalt des Reagenzglases drei Tropfen Iodkaliumiodidlösung hinzufügen und schütteln. Sollte keine Verfärbung eintreten, Reagenzglas kurz erwärmen und dann abkühlen lassen.

Beobachtung

Auf der Kartoffelscheibe entsteht ein tiefblauer Fleck, im Becherglas setzt sich weißes Stärkepulver ab (ebenfalls Nachweis durch die Iod-Stärkereaktion).

Auswertung

Stärke bildet mit Iodkaliumiodidlösung durch Einlagerung von Iodmolekülen blauviolett bis blauschwarz gefärbte Iodstärke. Das gewonnene Stärkepulver (= Kartoffelmehl) besteht größtenteils aus wasserunlöslichem Amylopektin, die wasserlösliche Amylose wurde weitgehend beim Auswaschen entfernt (Massenverhältnis 3:1).

2 Kohlenhydrate

Anmerkungen

Steht ein Trockenschrank zur Verfügung, so können die nassen Stärkekörner bei einer Temperatur von 30 °C getrocknet werden (Bei höheren Temperaturen erfolgt eine Quellung.). Amylose bildet geradkettige, spiralig angeordnete, Amylopektin verzweigte, höhermolekulare Strukturen. Stärkegehalt der Kartoffel: 17 - 24 %.

2.13 Aufspaltung der Stärke in Glucose

Geräte	Chemikalien
Becherglas, 250 ml	Stärke
Spatel	Salzsäure, 10%ig
Dreifuß	Natriumcarbonat
Wärmeschutznetz	Universalindikatorpapier
Brenner	Fehlingsche Lösung I
Glasstab	Fehlingsche Lösung II
Tropfpipette	Siedesteinchen
Reagenzglas	
Reagenzglasständer	
2 Meßpipetten, 5 ml	
Reagenzglaszange	

Xi
C
Xn

Warnhinweise

Salzsäure reizt Augen und Atmungsorgane, Natriumcarbonat die Augen! Fehlingsche Lösung II verursacht schwere Verätzungen! Schutzbrille und Schutzhandschuhe tragen! Beim Erhitzen Siedesteinchen hinzufügen! Fehlingsche Lösung I ist gesundheitsschädlich beim Verschlucken!

Durchführung

Ein Spatel voll Stärke wird in 100 ml destilliertem Wasser kurz aufgekocht, so daß eine klare Lösung entsteht. Nach Hinzufügen von zehn Tropfen verdünnter Salzsäure siedet man fünf Minuten bei kleiner Flamme. Durch

Zugabe von etwa einem halben Spatel Natriumcarbonat wird ein leicht basisches Milieu erreicht. Anschließend erfolgt die Fehlingprobe (Vgl. dazu Versuch 2.4!).

Beobachtung

Es bildet sich der bekannte ziegelrote Niederschlag.

Auswertung

Durch Einwirkung von Salzsäure und Zuführung von Wärmeenergie erfolgt eine hydrolytische Spaltung der Stärkemoleküle über die Zwischenstufe der Dextrine zu Glucose (Stärkezucker), die mit Fehlingscher Lösung rotes Kupfer(I)-oxid bildet.

Anmerkungen

Durch Eindicken des Stärkezuckers entsteht Stärkesirup, der bei der Herstellung von Zuckerwaren und Likören verwendet wird. Durch Umwandlung von Glucose in Glykogen, d. h. tierische Stärke, kann im Körper, insbesondere in Leber und Muskelgewebe, eine Kohlenhydratreserve angelegt werden.
Entsorgung des Reagenzglasinhaltes in den Behälter für „Säuren, Laugen, Salze".

2.14 Nachweis von Cellulose in Ballaststoffen

Geräte

Petrischale
Messer
Spatel
2 Tropfpipetten

Chemikalien

Getreidekörner
Iodkaliumiodidlösung
Chlorzinkiodlösung

2 Kohlenhydrate

Warnhinweise

Xn Iodkaliumiodid- und Chlorzinklösung wirken gesundheitsschädlich bei Berührung mit Haut und Augen sowie beim Verschlucken!

Durchführung

Über einer Petrischale werden von 20 Getreidekörnern vorsichtig nur die äußersten Randschichten entfernt und als Untersuchungsmaterial bereitgestellt. Es sollte dabei ca. ein halber Spatel voll an Untersuchungssubstanz zusammenkommen. Nachdem man diese in der Schalenmitte etwas konzentriert hat, prüft man an zwei verschiedenen Stellen mit einem Tropfen Iodkaliumiodid- bzw. Chlorzinkiodlösung. Falls Ährenteile zur Verfügung stehen, kann auch daran ein Test vorgenommen werden.

Beobachtung

Während bei der Iodkaliumiodidlösung keine Farbveränderung eintritt - es sei denn, daß Stärke mit in die Analysemasse gelangt ist -, bemerkt man an der zweiten Stelle nach kurzer Zeit eine Blauviolettfärbung.

Auswertung

Cellulose bildet den Hauptbestandteil der pflanzlichen Zellwände. Durch Chlorzinkiodlösung (eine Mischung aus Zinkchlorid, Kaliumiodid und Iod) erfolgt eine Umwandlung der Cellulose in eine der Stärke ähnliche Verbindung, bei der die Iod-Stärkereaktion vonstatten geht.

Anmerkungen

Cellulose, obgleich nicht verdaulich, ist für den Organismus des Menschen von großer Bedeutung („ballaststoffreiche Ernährung"). Kleie, die zu über 50 % solcher Ballaststoffe enthält, kann aufgrund ihres ungefähr 20%igen Gehalts an Kohlenhydraten, insbesondere Stärke, für diesen Versuch nicht verwendet werden. Wenn auch die Bereitstellung des Untersuchungsmaterials etwas Mühe bereitet, zeigt der hier beschriebene Weg eine Alternative auf zu der häufig in den Versuchsanleitungen zur Lebensmittelchemie (!) skizzierten Untersuchung von Filterpapier oder Holz. Möglicherweise sind dies noch Reliquien der „Holzverzuckerung", die wirtschaftlich momentan kaum noch Bedeutung hat.

2.15 Lactosenachweis (Wöhlksche Probe)

Geräte

Reagenzglas
2 Meßpipetten, 5 ml
Tropfpipette
Becherglas, 250 ml
Thermometer, -10 ... +110 °C
Dreifuß
Wärmeschutznetz
Brenner

Chemikalien

Milchmolke
(Vgl. zur Herstellung Versuch 3.4)
Natronlauge, 32%ig
Ammoniaklösung, 25%ig

Warnhinweise

Natronlauge verursacht schwere Verätzungen! Ammoniaklösung reizt Augen, Atmungsorgane und Haut! Schutzbrille und Schutzhandschuhe tragen!

C
Xi

Durchführung

Man gibt in ein Reagenzglas 5 ml Molke, fügt 5 Tropfen Natronlauge sowie 3 ml Ammoniaklösung hinzu. Anschließend wird eine halbe Stunde lang im Wasserbad bei 60 °C erhitzt.

Beobachtung

Der Inhalt des Reagenzglases nimmt eine Rotfärbung an.

Auswertung

Milchzucker (Lactose) ist ein aus Galactose und Glucose zusammengesetztes Disaccharid. Der Galactoseteil zeigt nach Oxidation zu Schleimsäure

2 Kohlenhydrate

(= Galactozuckersäure) mit Ammoniak die „Pyrrolrot-Reaktion" (pyrros [griech.] = feuerrot).

Anmerkungen

Lactose findet sich nur in Milch (ca. 4 - 6 %) und wird im Körper durch das Enzym Lactase gespalten. Der Mangel großer Teile der erwachsenen Weltbevölkerung an diesem Wirkstoff bedingt die sogenannte „Lactose-Intoleranz". Hier bieten sich Anknüpfungspunkte für das Problem der Welternährung.
Entsorgung in den Behälter für „Säuren, Laugen, Salze".

3 Eiweißstoffe

3.1 Biuretreaktion als Proteinnachweis

Geräte	Chemikalien
Reagenzglas	Eiklarlösung
Reagenzglasständer	Natronlauge, 10%ig
2 Meßpipetten, 5 ml	Kupfersulfatlösung, 1 - 7%ig (Fehling I)
Stopfen	
Tropfpipette	

Warnhinweise

Natronlauge verursacht schwere Verätzungen! Schutzbrille und Schutzhandschuhe tragen! Kupfer(II)-sulfat ist gesundheitsschädlich beim Verschlucken!

C
Xn

Durchführung

2 ml Eiklarlösung werden im Reagenzglas mit 2 ml Natronlauge (10%ig) gemischt. Danach verschließt man das Reagenzglas mit einem Stopfen, schüttelt gut durch und fügt 3 Tropfen Kupfersulfatlösung hinzu.

Beobachtung

Nach Zugabe der Kupfersulfatlösung tritt eine Violettfärbung ein.

Auswertung

Alkalische Eiweißlösungen reagieren mit Kupfersulfat zu einer Komplexverbindung, die auf das Vorhandensein von Peptidbindungen (CO-NH-Gruppen) zurückzuführen ist. Der Name „Biuretreaktion" rührt daher, daß die Verbindung Biuret - ein Zersetzungsprodukt des Harnstoffs - mit Natronlauge und Kupfersulfatlösung das gleiche Kupferkomplexsalz bildet bzw. daß dabei die gleiche typische Farbreaktion eintritt.

3 Eiweißstoffe

Anmerkungen

Die Eiklarlösungen stellt man her, indem man ein Eiklar in 150 ml physiologischer Kochsalzlösung (1,5 g Kochsalz auf 150 ml destilliertes Wasser) gibt, gut umrührt und anschließend über Glaswolle filtriert. Die Lösung kann für weitere Versuche aufbewahrt werden.
Entsorgung in Behälter für „Säuren, Laugen, Salze".

3.2 Xanthoproteinprobe

Geräte

Reagenzglas
Reagenzglasständer
2 Meßpipetten, 5 ml
Reagenzglashalter
Brenner
Tropfpipette

Chemikalien

Eiklarlösung
(Vgl. zur Herstellung Versuch 3.1)
Salpetersäure, konz.
Ammoniaklösung, 25 %ig

Warnhinweise

C
Xi

Konzentrierte Salpetersäure verursacht schwere Verätzungen! Ammoniaklösung reizt Augen, Atmungsorgane und Haut! Schutzbrille und Schutzhandschuhe tragen!

Durchführung

Man gibt 2 ml Eiklarlösung in ein Reagenzglas und fügt 1 ml konzentrierte Salpetersäure hinzu. Unter Schütteln wird der Inhalt des Reagenzglases vorsichtig erhitzt. Sobald sich ein farbiger Niederschlag gebildet hat, läßt man abkühlen und tropft anschließend Ammoniaklösung hinzu.

Beobachtung

Es entsteht eine gelbgefärbte Ausfällung von Eiweiß. Nach Zugabe von Ammoniaklösung schlägt die Farbe um nach Orange.

Auswertung

Eiweißstoffe, die aromatische Aminosäuren enthalten wie zum Beispiel Phenylalanin, bilden mit Salpetersäure gelbliche Nitrierungsprodukte. Im alkalischen Bereich verstärkt sich der Farbton hin zum Orangen.

Anmerkungen

Die Xanthoproteinprobe (xanthos [griech.]= gelb) ist kein spezifischer Eiweißnachweis, gelingt jedoch, da Eiweißverbindungen meistens auch Aminosäuren mit aromatischen Ringen enthalten, fast immer. Versuche an der menschlichen Haut sind aber unbedingt zu unterlassen! Phenylalanin wird neuerdings in künstlichem Süßstoff verwendet, der von Personen, die an Phenylketonurie (seltene Stoffwechselkrankheit) leiden, nicht konsumiert werden darf.

Entsorgung in den Behälter für „Säuren, Laugen, Salze" (dabei durch Säureüberschuß Überführung der Nitrite in Nitrate).

3.3 Eiweißhydrolyse (Herstellung von Suppenwürze)

Geräte	Chemikalien
Rundkolben, 250 ml	Trockenhefe, 5 g
Meßzylinder, 50 ml	Salzsäure, konz.
Stopfen, durchbohrt	Glycerin
Liebigkühler, 1 = 400 mm	Siedesteinchen
Pilzheizhaube	Natronlauge, 32%ig
Stativstange	Universalindikatorpapier
2 Doppelmuffen	
2 Universalklemmen	
2 Gummischläuche, 120 cm	
Abdampfschale	
Tropfpipette	
Glasstab	

3 Eiweißstoffe

Warnhinweise

C Konzentrierte Salzsäure verursacht Verätzungen und reizt die Atmungsorgane! Natronlauge verursacht schwere Verätzungen! Schutzbrille und Schutzhandschuhe tragen! Vorsicht beim Hineindrehen des unteren Liebigkühlerendes in den Stopfen! Glycerin als Gleitmittel verwenden!

Durchführung

In einem Rundkolben werden 5 g Trockenhefe durch Umschwenken in 20 ml Wasser gelöst. Danach fügt man 25 ml konzentrierte Salzsäure sowie einige Siedesteinchen hinzu und verschließt den Rundkolben mit einem durchbohrten Stopfen, in dessen Bohrung das untere Ende eines Liebigkühlers eingeführt ist. Nun wird die Apparatur mit Stativstange und zwei Universalklemmen an einer Heizhaube befestigt. Nachdem man am Kühler Zuleitung und Ableitung angeschlossen hat, erhitzt man das Ganze für die Dauer von 24 Stunden (!) im Rückfluß. Anschließend wird die Salzsäure durch tropfenweises Zugeben von Natronlauge unter Zuhilfenahme von Universalindikatorpapier neutralisiert.

Beobachtung

Es entsteht eine dickflüssige, braune Masse, deren Duft und Geschmack an Suppenwürfel erinnern.

Auswertung

Hefe enthält unter anderem Enzyme, also Proteine oder Proteide, die durch Säureeinwirkung hydrolytisch gespalten werden. Dabei erfolgt eine Freisetzung von Aminosäuren, so zum Beispiel von Glycin, Leucin und Tyrosin. Die Neutralisation der Salzsäure mit Natronlauge bedingt in der hergestellten „Suppenwürze" einen gewissen Kochsalzgehalt.

Anmerkungen

Der Liebigkühler darf am oberen Ende nicht mit einem Stopfen verschlossen werden; eventuell kann auch während des Kochens Wasser nachgefüllt werden. Die entstandenen Aminosäuren können mit Kupfer(II)-

hydroxidcarbonat (Blaufärbung in neutraler oder schwach alkalischer Lösung) oder mit Ninhydrinreagenz (Blauviolettfärbung bei Erhitzung) nachgewiesen werden. Durch Hydrolyse aufgeschlossenes Hefeeiweiß dient u. a. als Ausgangspunkt für die Herstellung von Suppenwürfeln und Suppenpulvern.

3.4 Abscheidung von Casein aus der Milch (Herstellung von Quark)

Geräte

Meßzylinder, 50 ml
2 Becherläser, 600 ml
Becherglas, 100 ml
Tropfpipette
Glasstab
Trichter
Faltenfilter
Filtriergestell

Chemikalien

Vollmilch, frisch
Essigsäure, 25%ig (= Essigessenz)

Warnhinweise

Essigsäure (Ethansäure) verursacht Verätzungen! Schutzbrille und Schutzhandschuhe tragen!

C

Durchführung

100 ml Vollmilch werden mit der vierfachen Menge Wasser verdünnt. Nun gibt man etwa 10 ml Essigsäure in ein kleines Becherglas und tropft davon unter Umrühren dem Wasser-Milch-Gemisch solange hinzu, bis eine deutliche Ausflockung erfolgt. Anschließend wird filtriert. Filtrat für weitere Versuche aufheben. Filterrückstand mit Wasser mehrmals auswaschen.

3 Eiweißstoffe

Beobachtung

Im Filter verbleibt eine weiße, sämige Masse, beim Filtrat handelt es sich um eine leicht getrübte, wässrige Flüssigkeit.

Auswertung

Den durch natürliche oder künstliche Säuerung aus der Milch abgeschiedenen und abfiltrierten Käsestoff bezeichnet man als Quark. Er besteht aus Casein und Fett. Das Filtrat (die Molke) enthält u. a. Milchzucker (Lactose), Mineralien, Fett und Albumin, das im Gegensatz zum Casein zu den sogenannten einfachen Proteinen gehört.

Anmerkungen

Die Ausflockung des Käsestoffes kann auch durch die Zugabe von Fermenten (Lab) bewirkt werden. H-Milch ist für den Versuch weniger geeignet, da beim Ultrahocherhitzen wesentlich höhere Temperaturen (135 - 150 °C) als beim Pasteurisieren verwendet werden, wodurch sich die Gerinnungseigenschaften der Eiweißstoffe verändern. Der in der Molke enthaltene Milchzucker läßt sich u. a. mittels Fehlingscher Lösung nachweisen (Vgl. Versuch 2.4). Molke, auch Serum genannt, wird teils zu/in Getränken verarbeitet (z. B. „rivella").

3.5 Untersuchung von Milch auf Frische (Alizarolprobe)

Geräte	Chemikalien
3 Reagenzgläser	Vollmilch, frisch
Reagenzglasständer	Vollmilch, alt*
2 Meßpipetten, 5 ml	Ethanol, 70%ig
Spatel	Alizarin
Stopfen	

* ca. eine Woche alt

3 Eiweißstoffe

Warnhinweise

Ethanol ist leicht entzündlich! Alle Flammen löschen! **F**

Durchführung

Zunächst stellt man aus 4 ml Ethanol und einer Spatelspitze Alizarin eine gesättigte Lösung her. Diese wird sodann auf zwei Reagenzgläser gleichmäßig verteilt. In das eine fügt man nun 2 ml frische, in das andere 2 ml alte Vollmilch hinzu und vermischt die beiden Flüssigkeiten durch leichtes Schütteln.

Beobachtung

Während die frische Milch eine violettbraune Färbung annimmt, verfärbt sich die ältere Milch braungelb. Zusätzlich findet man hier auch häufig Ausflockungen.

Auswertung

Alizarin (1,2-Dihydroxi-anthrachinon) wirkt als Indikator für Säuren und Laugen. Bei Laugen tritt eine Blauviolett-, bei Säuren eine Gelbfärbung ein. Letzteres kommt in Zusammenhang mit der Untersuchung von Frischmilch zum Tragen, da mit zunehmendem Alter sich der Säuregrad der Milch erhöht. Die Farbnuancen verändern sich dabei von violettbraun über rötlichbraun, braun, braungelb bis hin zu gelb.

Anmerkungen

Alizarin, früher gewonnen als Türkischrot aus der Wurzel des Krapp, eines Rautengewächses, wird heute überwiegend synthetisch hergestellt. Eine gesättigte Lösung von Alizarin in neutralem 68%igem Alkohol bezeichnet man als Alizarin-Alkohol (Alizarol). Durch Zugabe der doppelten Alizarolmenge kann die Probe empfindlicher gestaltet werden.
Entsorgung in den Behälter für „mit Wasser mischbare brennbare Lösemittelabfälle".

3 Eiweißstoffe

3.6 Zusammensetzung von Hühner-Eiweiß

Geräte

Reagenzglas
Spatel
Stativplatte
Stativstange
Doppelmuffe
Universalklemme
Brenner
Wärmeschutzplatte
Pinzette
Glasstab

Chemikalien

Hühnerei-Eiweiß, gekocht
  und getrocknet
Cobaltchloridpapier
Universalindikatorpapier
Salzsäure, konz.
Bleiacetatpapier
destilliertes Wasser

Warnhinweise

T
Xn
C

Cobalt(II)-chlorid ist giftig, Blei(II)-acetat ist gesundheitsschädlich beim Verschlucken! Testpapiere nur mit der Pinzette berühren! Konzentrierte Salzsäure verursacht Verätzungen und reizt die Atmungsorgane! Schutzbrille und Schutzhandschuhe tragen!

Durchführung

Ein Reagenzglas wird 1 cm hoch mit getrocknetem Hühnerei-Eiweiß gefüllt und sodann waagerecht eingespannt. Nun erwärmt man zunächst mit kleiner Flamme und prüft die sich bildenden Flüssigkeitströpfchen mit Cobaltchloridpapier. Anschließend wird kräftig erhitzt, bis ein dichter Nebel entsteht. In bzw. an diesen hält man nacheinander je einen Streifen angefeuchtetes Universalindikatorpapier und Bleiacetatpapier sowie einen mit konzentrierter Salzsäure benetzten Glasstab.

Beobachtung

Das Cobaltchloridpapier färbt sich rosa, das Universalindikatorpapier blau. Das Bleiacetatpapier wird schwarz, am Glasstab setzt eine zusätzliche weiße Nebelbildung ein. Im Reagenzglas verbleibt ein schwarzer Rückstand.

3 Eiweißstoffe

Auswertung

Eiweiße enthalten die Elemente Kohlenstoff (Rückstand), Wasserstoff und Sauerstoff (Wassernachweis mit Cobaltchloridpapier), ferner Stickstoff (Ammoniaknachweis durch Universalindikatorpapier und konzentrierte Salzsäure) sowie Schwefel (Schwefelwasserstoffnachweis anhand des Bleiacetatpapiers) in gebundener Form [Vgl. Basiswissen!].

Anmerkungen

Bei den Nachweisreaktionen entstehen im einzelnen: Cobalt(II)-chlorid-6-hydrat, Ammoniumchlorid und Bleisulfid. Die Trocknung des gekochten Hühnerei-Eiweißes kann im Trockenschrank oder auf der Heizung erfolgen. Entsorgung der Testpapiere in den Behälter für „Feststoffe".

3.7 Koagulation von Eiklar durch Hitze, Säuren und Schwermetalle

Geräte

3 Reagenzgläser
Reagenzglasständer
Becherglas, 250 ml
Dreifuß
Wärmeschutznetz
Themometer, -10 ... +110 °C
Wärmeschutzplatte
2 Tropfpipetten

Chemikalien

Eiklarlösung *(auch mit Albumin, Casein möglich)*
(Vgl. zur Herstellung Versuch 3.1)
Salzsäure, 10%ig
Kupfersulfatlösung 1 - 7%ig (Fehling I)

Warnhinweise

Salzsäure reizt Augen und Atmungsorgane! Schutzbrille tragen! Kupfer(II)-sulfat ist gesundheitsschädlich beim Verschlucken!

Xi
Xn

3 Eiweißstoffe

Durchführung

Drei Reagenzgläser werden jeweils 2 cm hoch mit Eiklarlösung gefüllt. Eines davon erwärmt man bei gleichzeitiger Kontrolle der Temperatur solange im Wasserbad, bis eine Veränderung eintritt. In das zweite Reagenzglas erfolgt eine Zugabe von zwanzig Tropfen verdünnter Salzsäure, in das dritte werden zehn Tropfen Kupfersulfatlösung hinzugefügt.

Beobachtung

Bei ca. 70 °C trübt sich die Eiklarlösung, das Eiweiß gerinnt. Die Einwirkung von Salzsäure und Kupfersulfat führt zum gleichen Ergebnis.

Auswertung

Hitze, Säuren, Schwermetalle und Alkohol (Vgl. Versuch 9.3) bewirken eine häufig nicht mehr rückgängig machbare Gerinnung (Koagulation) von Eiweiß, dessen Löslichkeit dadurch eine Änderung erfährt.

Anmerkungen

Beim Menschen beträgt die kritische Temperatur bekanntlich 42 °C, bei deren Überschreitung eine Eiweißgerinnung einsetzt. Der Versuch ist auch gut dazu geeignet, die Giftwirkung von Schwermetallen auf den Organismus zu verdeutlichen.
Entsorgung in den Behälter für „Säuren, Laugen, Salze".

3.8 Protein-Nachweis in Nahrungsmitteln

Geräte

Reagenzglas
Reagenzglasständer
2 Meßpipetten, 5 ml
Stopfen
Tropfpipette

Chemikalien

Vollmilch, frisch
Natronlauge, 10%ig
Kupfersulfatlösung, 1 - 7%ig (Fehling I)
Getreidekörner
Eiweiß-Teststreifen

3 Eiweißstoffe

Geräte

Mörser
Pistill
Becherglas, 100 ml
Glasstab

Chemikalien

Ethanol, 50%ig

Warnhinweise

Natronlauge verursacht schwere Verätzungen! Schutzbrille und Schutzhandschuhe tragen! Kupfer(II)-sulfat ist gesundheitsschädlich beim Verschlucken! Ethanol ist leicht entzündlich! Alle Flammen löschen!

C
Xn
F

Durchführung

2 ml Milch werden mit 2 ml Natronlauge durch Schütteln im Reagenzglas (Stopfen!) gut gemischt. Anschließend fügt man drei Tropfen Kupfersulfatlösung hinzu.
Im Mörser werden zehn Getreidekörner zerrieben und mit 50%igem Ethanol (etwa 1 cm hoch) in einem Becherglas aufgerührt. Danach taucht man kurz (2 - 3 Sekunden) einen Eiweiß-Teststreifen ein.

Beobachtung

Der Inhalt des Reagenzglases nimmt eine Violettfärbung an. Das ursprünglich gelbe Testfeld verfärbt sich grünlich.

Auswertung

Vgl. zur Erklärung der „Biuretreaktion" Versuch 3.1! Getreidekörner enthalten neben Stärke, Vitaminen und Mineralsalzen Eiweißstoffe („Kleber"), die in verdünntem Alkohol löslich und für die Backfähigkeit des Mehls von Bedeutung sind.

Anmerkungen

Milch besitzt einen Eiweißgehalt von 3,2 %; der des Getreides reicht von 9 bis 12 %. Die Tatsache, daß zur Gewinnung von 1 kg tierischem Eiweiß

3 Eiweißstoffe

zwischen 10 und 15 kg Futtereiweiß eingesetzt werden müssen, stimmt angesichts des Eiweißmangels besonders in der Dritten Welt bedenklich. Hier bieten sich interessante Ansatzpunkte für den Unterricht gerade auch im Hinblick auf eine vernünftige Ernährungsweise.
Entsorgung in die Behälter für „Säuren, Laugen, Salze" bzw. „mit Wasser mischbare brennbare Lösemittelabfälle".

3.9 Gerinnungsfähigkeit von „Soja-Milch"

Geräte

Meßzylinder, 50 ml
2 Bechergläser, 250 ml
Becherglas, 100 ml
Tropfpipette
Glasstab
Trichter
2 Faltenfilter
Filtriergestell
Präzisionswaage
Spatel

Chemikalien

Soja-Drink
Essigsäure, 25%ig (= Essigessenz)
Calciumchlorid

Warnhinweise

Essigsäure (Ethansäure) verursacht Verätzungen! Schutzbrille und Schutzhandschuhe tragen! Calciumchlorid reizt die Augen!

Durchführung

50 ml Soja-Drink werden mit der dreifachen Menge Wasser verdünnt. Anschließend tropft man unter Umrühren ca. 10 ml Essigsäure hinzu. Um etwaige Veränderungen besser beobachten zu können, ist das Becherglas etwas geneigt zu halten. Anschließend wird filtriert und der Filterrückstand nochmals gewaschen. Mit einer 10%igen Calciumchloridlösung (2 g Calciumchlorid + 18 ml destilliertes Wasser) wiederholt man den Versuch.

3 Eiweißstoffe

Beobachtung

In beiden Fällen erfolgt eine Ausflockung, im Filter verbleibt jeweils eine weiße, sämige Masse, die wohl aufgrund der Ultra-Hoch-Temperatur-Behandlung eine sehr feine Konsistenz aufweist (Vgl. Anmerkungen zu Versuch 3.4).

Auswertung

Durch Zugabe von Essigsäure bzw. Calciumchlorid kommt es zur Gerinnung des in der „Sojamilch" enthaltenen Eiweißes. Den Sojabohnenquark bezeichnet man auch als Tofu. Als Gerinnungsmittel kommen außer Calciumchlorid (E 509) Calciumsulfat (E 516) und Magnesiumsulfat (Bittersalz) zum Einsatz.

Anmerkungen

Milchersatzprodukte auf Sojabasis drängen immer mehr auf den westeuropäischen Markt. Ihr Vorteil besteht u. a. darin, daß sie lactose- und cholesterinfrei sind; ihr jetziger Preis steht jedoch in keiner Relation zu den tatsächlichen Produktionskosten. In Asien gilt Tofu schon sehr lange als preiswerter Eiweißlieferant. Neben Eiweiß (10 %) enthält er Fett (4 - 6 %), Kohlenhydrate (1 - 2 %), Vitamine (B, E) und Mineralstoffe (Eisen, Phosphor u. a.).

4 Vitamine

4.1 Nachweis von Vitamin C

Geräte	Chemikalien
3 Reagenzgläser	destilliertes Wasser
Reagenzglasständer	Tillmans' Reagenz
Meßpipette, 5 ml	(= 2,6-Dichlorphenolindophenol)
2 Tropfpipetten	Essigsäure, 30%ig
Spatel	Vitamin C (= Ascorbinsäure)

Warnhinweise

C Essigsäure (Ethansäure) verursacht Verätzungen! Schutzbrille und Schutzhandschuhe tragen!

Durchführung

Man gibt in zwei Reagenzgläser je 5 ml destilliertes Wasser und fügt jeweils eine kleine Prise (1 mg) Tillmans' Reagenz hinzu. Nach Durchschütteln der beiden Reagenzgläser wird eine der Lösungen mit einem Tropfen 30%iger Essigsäure versetzt. Nun löst man in 5 ml destilliertem Wasser 1 Spatelspitze Vitamin C und tropft von dieser Ascorbinsäurelösung in die Reagenzgläser.

Beobachtung

Tillmans' Reagenz führt im sauren Bereich zu einer Rotfärbung, in neutraler (oder alkalischer) Lösung entsteht eine Blaufärbung. Durch Zugabe von Vitamin C erfolgt in beiden Fällen eine Entfärbung.

Auswertung

Bei Tillmans' Reagenz (2,6-Dichlorphenolindophenol) handelt es sich um einen organischen Farbstoff, der durch Ascorbinsäure zu einer farblosen Verbindung reduziert wird. Dies stellt eine spezifische Nachweismöglichkeit für Vitamin C dar.

4 Vitamine

Anmerkungen

Die geschilderte Methode eignet sich auch zur Untersuchung von Früchten oder Gemüse auf Vitamin C. 1,65 mg Farbstoff werden durch genau 1 mg Ascorbinsäure entfärbt. Halbquantitative Schnellnachweise kann man mit Teststäbchen vornehmen. Mit den Teststäbchen lassen sich Reihenuntersuchungen von Fruchtsaftgetränken vornehmen. Auch die Kartoffel eignet sich als Untersuchungsobjekt. Entsorgung im Behälter für „halogenierte Kohlenwasserstoffe".

4.2 Gewinnung und Identifizierung von Provitamin A (Carotin)

Geräte	Chemikalien
Mörser	Möhren, 5 g
Messer	Seesand
Löffel	Aceton (Propanon)
Meßpipette, 5 ml	Schwefelsäure, konz.
Pistill	Salzsäure, konz.
Trichter	
Rundfilter	
Abdampfschale	
2 Tropfpipetten	

Warnhinweise

Aceton ist leicht entzündlich! Alle Flammen löschen! Dämpfe nicht einatmen! Raum gut lüften! Konzentrierte Schwefelsäure und konzentrierte Salzsäure verursachen (schwere) Verätzungen! Schutzbrille und Schutzhandschuhe tragen!

F
C

Durchführung

5 g Möhren werden mit dem Messer zerkleinert und unter Zugabe von 1 Löffel Seesand und 5 ml Aceton im Mörser gründlich zerrieben. An-

4 Vitamine

schließend filtriert man den Inhalt des Mörsers in eine Abdampfschale und läßt das Extraktionsmittel verdunsten. Der Rückstand wird mit einem Tropfen konzentrierter Schwefelsäure und an anderer Stelle zum Vergleich mit einem Tropfen konzentrierter Salzsäure geprüft.

Beobachtung

In der Abdampfschale verbleibt ein orangegelber Rückstand, der sich bei Zugabe von Schwefelsäure grünblau verfärbt. Infolge Verkohlung geht die Farbe jedoch allmählich über in Schwarz. Bei Salzsäure bleibt die Reaktion aus.

Auswertung

Das wasserunlösliche Carotin (Provitamin A) bildet mit Schwefelsäure einen grünlichblauen Farbkomplex, der zum Nachweis genutzt werden kann, allerdings nicht spezifisch ist.

Anmerkungen

Provitamin A ist im Pflanzen- und Tierreich weit verbreitet. Es wird im menschlichen Körper zum Vitamin A umgebildet. Dieses kann, wie auch seine Vorstufe, mit Carr-Price-Reagenz (Antimon(III)-chlorid in Dichlormethan gelöst) nachgewiesen werden. Dabei kommt es in Abwesenheit von Wasser zu einer Blaufärbung. Von den verschiedenen Carotinoiden kommt das β-Carotin am häufigsten als Lebensmittelfarbstoff zum Einsatz.

4.3 Bestimmung des Gehalts einer Multivitamin-Brausetablette an Natriumhydrogencarbonat

Geräte

Präzisionswaage,
 Ablesegenauigkeit 0,01 g
Becherglas, 250 ml

Chemikalien

Multivitamin-Brausetablette

4 Vitamine

Geräte

Pinzette
Glasstab

Warnhinweise

Durchführung

Ein Becherglas wird mit 200 ml Wasser gefüllt und anschließend ausgewogen. Dann stellt man die Masse einer Multivitamin-Brausetablette fest und gibt diese vorsichtig in das Becherglas hinein. Nach Abschluß der Reaktion ist die entstandene Lösung so lange mit einem Glasstab durchzurühren, bis keine Gasentwicklung mehr beobachtet werden kann. Nun wiegt man erneut das Becherglas samt Inhalt.

Beobachtung

Es tritt ein „Masseverlust" von 0,2 bis 0,3 g auf.

Auswertung

Multivitamin-Brausetabletten enthalten u. a. Natriumhydrogencarbonat und Weinsäure. Diese reagieren in wässriger Lösung zu Natriumtartrat und Kohlenstoffdioxid, das bis auf einen in Wasser gelösten Bruchteil entweicht. Da 1 g des Gases einem Natrongehalt von 1,91 g entspricht (stöchiometrisches Rechnen!), kann man leicht den absoluten sowie den prozentualen Anteil des Natriumhydrogencarbonats in der Brausetablette bestimmen (etwa 10 %).

Anmerkungen

Die Umsetzung von gelöstem Kohlenstoffdioxid mit Wasser zu Kohlensäure macht nur ca. 0,1 % aus und kann daher bei der Berechnung vernachlässigt werden. Das erhaltene Getränk nur dann trinken, wenn ein völlig neues Becherglas sowie einwandfrei saubere Geräte (Pinzette und Glasstab) benutzt worden sind.

4 Vitamine

4.4 Nachweis von Vitamin B1

Geräte

Präzisionswaage
Mörser
Pistill
Spatel
2 Bechergläser, 100 ml
Meßzylinder, 50 ml
Dreifuß
Wärmeschutznetz
Brenner
Trichter
Rundfilter
Filtriergestell
Reagenzglas
Reagenzglasgestell
3 Meßpipetten, 5 ml
Stopfen
Pappe, schwarz
UV-Laborlampe

Chemikalien

Haferflocken, frisch
Salzsäure, 1%ig oder 0,1 N
Natronlauge, 10%ig
Kaliumhexacyanoferrat(III)
destilliertes Wasser
Isobutanol

Warnhinweise

Natronlauge verursacht schwere Verätzungen! Schutzbrille und Schutzhandschuhe tragen! Kaliumhexacyanoferrat(III) ist gesundheitsschädlich beim Verschlucken! Isobutanol ist entzündlich und gesundheitsschädlich beim Einatmen! Nicht unmittelbar ins UV-Licht schauen!

Durchführung

1 g Haferflocken sind zu pulverisieren und anschließend mit 25 ml Salzsäure im Becherglas zehn Minuten lang bei kleiner Flamme zu sieden. Nach Abkühlung wird filtriert und 8 ml des Filtrats mit 4 ml Natronlauge und 1 ml Kaliumhexacyanoferrat(III)-lösung (1%ig) im Reagenzglas fünf

Minuten, nach Hinzugabe von 2 ml Isobutanol noch eine weitere Minute geschüttelt. Nachdem sich die wässrige und die alkoholische Schicht wieder getrennt haben (etwa 30 min), prüft man das Reagenzglas mit der UV-Lampe gegen einen schwarzen Hintergrund (Raum verdunkeln!).

Beobachtung

Die obere Schicht im Reagenzglas fluoresziert bläulich.

Auswertung

In alkalischem Milieu entsteht aus dem Vitamin B1 (Thiamin, Aneurin) durch Dehydrierung eine blaue Fluoreszenz zeigende Verbindung, das sog. „Thiochrom" ($C_{12}H_{14}N_4OS$; chroma [griech.] = Farbe), die in Isobutanol gut löslich ist.

Anmerkungen

Steht ein Vitamin-B-Präparat oder reines Vitamin B1 zur Verfügung, so kann eine Vergleichsprobe durchgeführt werden. Vitamin-B1-Mangel führt u. a. zur Beri-Beri-Krankheit, einer Nervenkrankheit, bei der sich allerdings auch das Fehlen weiterer B-Vitamine bemerkbar macht.
Entsorgung in die Behälter für „Säuren, Laugen, Salze" bzw. „mit Wasser nicht mischbare brennbare Lösemittelabfälle".

4.5 Nachweis von Vitamin B2

Geräte

Reagenzglas
Reagenzglasgestell
Pappe, schwarz
UV-Laborlampe
Spatel
Becherglas, 100 ml
Tropfpipette

Chemikalien

Milchmolke
 (Vgl. zur Herstellung Versuch 3.4)
Natriumdithionit
destilliertes Wasser

4 Vitamine

Warnhinweise

O
Xn

Nicht unmittelbar ins UV-Licht schauen! Natriumdithionit kann Brand verursachen, ist gesundheitsschädlich beim Verschlucken und entwickelt bei Berührung mit Säure giftige Gase!

Durchführung

Zunächst füllt man ein Reagenzglas zur Hälfte mit klarer Milchmolke und bringt dieses in den Lichtgang einer UV-Lampe (Raum verdunkeln und schwarzen Hintergrund verwenden!). Anschließend wird frisch angesetzte 1%ige Natriumdithionitlösung (1 Spatelspitze auf knapp 10 ml destilliertes Wasser) zugetropft, bis die Färbung bzw. Fluoreszenz schwächer wird. Nun schüttelt man das Reagenzglas leicht und prüft erneut mit der UV-Lampe.

Beobachtung

Eine anfangs vorhandene Gelbfärbung bzw. Grünfluoreszenz wird durch Zugabe von Natriumdithionitlösung merklich abgebaut. Schütteln unter Luftzutritt bewirkt eine Rückkehr zum Ausgangszustand.

Auswertung

Das Vitamin B2 (Riboflavin, Lactoflavin) ist ein in der Natur weit verbreiteter gelber Farbstoff, der unter UV-Bestrahlung grünlich fluoresziert und durch Natriumdithionit zu einer farblosen Verbindung reduziert wird. Luftsauerstoff führt zu einer erneuten Oxidation und Wiederauftreten der gelben Farbe bzw. der Lichterscheinung („Redoxfarbstoff").

Anmerkungen

Riboflavin ist wie alle anderen B-Vitamine (außer Cobalamin= B12) nicht nur in tierischen, sondern auch in pflanzlichen Lebensmitteln enthalten. Da die B-Vitamine wasserlöslich sind, sollten beispielsweise Gemüse und Kartoffeln niemals längere Zeit gewässert werden, um Vitaminverluste zu vermeiden.
Entsorgung in den Behälter für „Säuren, Laugen, Salze".

4.6 Bestimmung von Vitamin D

Geräte

Reagenzglas
Reagenzglasständer
Meßpipette, 5 ml
Tropfpipette
Stopfen

Chemikalien

Petrolether
Lebertran
Carr-Price-Reagenz

Warnhinweise

Petrolether ist hoch entzündlich! Alle Flammen löschen! Carr-Price-Reagenz stellt eine Lösung von Antimon(III)-chlorid (verursacht Verätzungen und reizt die Atmungsorgane) in Dichlormethan (ist gesundheitsschädlich beim Einatmen und potentiell krebserregend) dar! Schutzbrille und Schutzhandschuhe tragen! Unter dem Abzug arbeiten!

F+
C
Xn

Durchführung

Man löst in 2 ml Petrolether durch leichtes Schütteln fünf Tropfen Lebertran, füllt bis zur doppelten Menge mit Carr-Price-Reagenz auf, verschließt das Reagenzglas mit einem Stopfen und stellt es zurück in den Reagenzglasständer.

Beobachtung

Zunächst tritt eine Blaufärbung ein, die allmählich (nach etwa 30 Minuten) in rotorange übergeht.

Auswertung

Das Carr-Price-Reagenz zeigt zunächst im Lebertran enthaltenes Vitamin A an (Vgl. Anmerkung zu Versuch 4.2). D-Vitamine ergeben mit antimonchloridhaltiger Dichlormethanlösung ebenfalls eine spezifische (allerdings beständigere) Farbreaktion, wobei die Nachweisgrenze bei 0,02 mg liegt.

4 Vitamine

Anmerkungen

Sämtliche D-Vitamine (D2, D3, D4) sind fettlöslich und werden im Körper gespeichert. Eine Überdosis wirkt schädlich, u. U. sogar tödlich. Bei Säuglingen erfolgt eine Rachitis-Prophylaxe durch Verabreichung von Vitamin-D-Präparaten, um Störungen bei der Knochenverkalkung zu vermeiden. D-Vitamine können in der menschlichen Haut durch Photolyse (UV-Bestrahlung) entstehen, so z. B. Colecalciferol aus dem Provitamin D3 (7-Dehydrocholesterin). Von daher ist gerade für Kinder viel Aufenthalt im Freien wichtig.
Entsorgung in den Behälter für „halogenierte Kohlenwasserstoffe".

5 Mineralstoffe

5.1 Nachweis von Eisen im Fleisch

Geräte

Messer
Porzellantiegel
Stativplatte
Stativstange
Doppelmuffe
Stativring
Drahtdreieck
Wärmeschutzplatte
Teclubrenner
Tiegelzange
2 Bechergläser, 100 ml
Trichter
Rundfilter
4 Reagenzgläser
Reagenzglasständer
Spatel

Chemikalien

Fleisch, getrocknet
Salzsäure, 20%ig
destilliertes Wasser
Kaliumhexacyanoferrat(II)
Kaliumhexacyanoferrat(III)

Warnhinweise

Salzsäure reizt Augen und Haut! Schutzbrille und Schutzhandschuhe tragen! Kaliumhexacyanoferrat(II) ist gesundheitsschädlich beim Verschlucken!

Durchführung

10 g getrocknetes Fleisch werden mit dem Messer zerkleinert und im offenen Tiegel unter dem Abzug bei hoher Temperatur vollständig verascht. Nach Abkühlung gibt man den Inhalt des Tiegels in ein Becherglas und fügt ungefähr die gleiche Menge 20%iger Salzsäure hinzu. Nachdem die Gasentwicklung aufgehört hat, wird die Aschelösung filtriert und anschließend auf zwei Reagenzgläser verteilt. Nun füllt man das erste Reagenzglas mit Kaliumhexacyanoferrat(II)-Lösung, das zweite mit Kaliumhexacyanoferrat(III)-Lösung (jeweils 1 Spatelspitze auf ein halbes

5 Mineralstoffe

Reagenzglas destilliertes Wasser) bis zur doppelten Menge auf und schüttelt leicht durch.

Beobachtung

In der Regel färbt sich mindestens einer der Aschenextrakte blau.

Auswertung

Eisen(III)-Ionen bilden mit Kaliumhexacyanoferrat(II)-lösung (gelbes Blutlaugensalz) Berliner Blau. Bei einer Reaktion von Eisen(II)-Ionen mit Kaliumhexacyanoferrat(III)-lösung (rotes Blutlaugensalz) entsteht Turnbulls Blau. Die beiden Farbkomponenten sind chemisch identisch, die unterschiedliche Bezeichnung trägt lediglich der verschiedenartigen Entstehung Rechnung.

Anmerkungen

Durch Zugabe von Salzsäure werden in der Asche vorhandene wasserunlösliche Eisenoxide in Eisenchloride überführt. Dreiwertige Eisensalze können auch mit Kaliumthiocyanat (Rotfärbung) nachgewiesen werden (Vgl. Versuch 10.4).
Entsorgung in Behälter für „Säuren, Laugen, Salze".

5.2 Nachweis von Natrium und Kalium in Kohlblättern

Geräte

Messer
Porzellantiegel
Stativplatte
Doppelmuffe
Stativring
Drahtdreieck
Wärmeschutzplatte
Teclubrenner

Chemikalien

Kohlblätter, getrocknet
Salzsäure, 20%ig

5 Mineralstoffe

Geräte

Tiegelzange
Uhrglas, d = 60 mm
Tropfpipette
Magnesiastäbchen
Cobaltglas

Warnhinweise

Salzsäure reizt Augen und Haut! Schutzbrille und Schutzhandschuhe tragen! **Xi**

Durchführung

In einem offenen Tiegel wird das getrocknete und zerkleinerte Pflanzenmaterial verascht und nach Abkühlung auf ein Uhrglas geschüttet. Nun glüht man ein Magnesiastäbchen ca. eine Minute lang in der nichtleuchtenden Brennerflamme aus und gibt auf die Asche einige Tropfen Salzsäure. Das noch heiße Stäbchen wird in die angefeuchtete Substanz getaucht und daraufhin in den Flammensaum zurückgebracht. Anschließend wiederholt man den Vorgang, verwendet jedoch beim Betrachten der entstehenden Flammenfärbung ein Cobaltglas.

Beobachtung

Zunächst zeigt sich eine intensive Gelbfärbung, die beim Blick durch das Kobaltglas verschwindet. Statt dessen kommt dann eine Violettfärbung zum Vorschein.

Auswertung

Angeregte Elektronen von Natriumteilchen verursachen beim Zurückspringen auf niedrigere Energieniveaus die charakteristische gelbe „Natriumflamme". Die violette „Kaliumflamme" wird von ihr meistens überdeckt, so daß erst das Natriumlicht absorbiert werden muß (Cobaltglas).

5 Mineralstoffe

Anmerkungen

Der Einsatz der Salzsäure dient der Überführung der vorhandenen Natrium- und Kaliumverbindungen in Chloride. Es ist darauf zu achten, daß von der Untersuchungssubstanz nichts in den Brenner fällt, da er sonst nur noch eingeschränkt für Flammenbeobachtungen eingesetzt werden kann. Anstelle eines Magnesiastäbchens kann ein Platindraht (in einem Glasstab eingeschmolzen) verwendet werden.

5.3 Unterscheidung von Kochsalz und Diätsalz

Geräte

2 Uhrgläser, d = 60 mm
Spatel
Tropfpipette
Magnesiastäbchen
Teclubrenner
Wärmeschutzplatte

Chemikalien

Diätsalz
Kochsalz (Natriumchlorid)
destilliertes Wasser

Warnhinweise

Durchführung

Eine Spatelspitze Diätsalz und Kochsalz werden auf je einem Uhrglas mit einigen Tropfen destilliertem Wasser zu einem Brei verrieben. Nun glüht man ein Magnesiastäbchen ca. eine Minute lang in der nichtleuchtenden Brennerflamme aus, taucht es in noch heißem Zustand in das angefeuchtete Diätsalz und bringt es daraufhin zurück in den Flammensaum. Anschließend ist die Flammenprobe mit dem Kochsalz in der gleichen Weise zu wiederholen.

Beobachtung

Beim Diätsalz zeigt sich eine Violett-, beim Kochsalz eine Gelbfärbung der Brennerflamme.

5 Mineralstoffe

Auswertung

Diätsalz besteht in der Hauptsache aus Kaliumchlorid, enthält aber meist noch weitere Kaliumverbindungen wie Kaliumcitrat und Kaliumtartrat (Trennmittel, Geschmacksverstärker). Kochsalz ist bekanntlich fast reines Natriumchlorid. Vgl. zum Thema Flammenfärbung auch Versuch 5.2!

Anmerkungen

Bei Flammenproben sollte der Natriumnachweis stets an letzter Stelle der Versuchsreihe stehen, da schon geringste Mengen davon in der Lage sind, andere Farben zu überdecken. Diätsalz kann zur Reduktion der zu hohen Kochsalzzufuhr in der heutigen menschlichen Ernährung beitragen (Stichwort: Hypertonie = Bluthochdruck). Als ausreichend gelten 3 - 5 Gramm, im allgemeinen liegt jedoch die tägliche Kochsalzaufnahme bei 12 - 16 Gramm. Es ist darauf zu achten, daß manche Diätsalze auch einen geringen Zusatz an Natriumchlorid enthalten (Etikett).

5.4 Nachweis von Calcium in der Milch

Geräte

2 Reagenzgläser
Reagenzglasständer
Reagenzglashalter
Brenner
Trichter
Rundfilter
Spatel
Becherglas, 100 ml
Glasstab
2 Tropfpipetten

Chemikalien

Milchmolke
 (Vgl. zur Herstellung Versuch 3.4)
Ammoniumoxalat
destilliertes Wasser
Salzsäure, 10 %ig

5 Mineralstoffe

Warnhinweise

Ammoniumoxalat ist gesundheitsschädlich bei Berührung mit der Haut und beim Verschlucken! Salzsäure reizt Augen und Atmungsorgane! Schutzbrille und Schutzhandschuhe tragen!

Durchführung

Molke wird zunächst 2 cm hoch in ein Reagenzglas gefüllt und anschließend einem etwa zweiminütigem Sieden unterworfen. Nach Abkühlung filtriert man und setzt dem Filtrat tropfenweise 10%ige Ammoniumoxalatlösung (1 Spatelspitze auf knapp 10 ml destilliertes Wasser) zu, bis ein Niederschlag entsteht. Dieser ist sodann durch Zugabe von Salzsäure wieder aufzulösen.

Beobachtung

Das Erhitzen führt zu feinen Ausflockungen in der Molke. Ammoniumoxalat bildet mit der klaren Lösung einen weißen Niederschlag, der gegenüber Salzsäure nicht beständig ist.

Auswertung

Milch enthält Calciumverbindungen (Mineralsalze), die mit Ammoniumoxalat zu weißem, schwerlöslichem Calciumoxalat reagieren. Während das Casein durch die Säuerung abgeschieden worden ist, müssen noch in der Molke befindliche Proteine (Albumin und Globulin) durch Gerinnung entfernt werden, um die Nachweisreaktion nicht zu beeinträchtigen.

Anmerkungen

Ein Liter Vollmilch (mindestens 3,5 % Fett) weißt einen Gehalt von ca. 1,2 g Calcium auf. Dieses ist u. a. für den Aufbau und die Erhaltung von Knochen und Zähnen unerläßlich. Eine Ausfällung von Calciumoxalat in salzsaurer Lösung geht nicht vonstatten; ggf. mit verdünntem Ammoniakwasser neutralisieren. Zum Nachweis von Calcium können auch Teststäbchen verwendet werden.
Entsorgung in den Behälter für „Säuren, Laugen, Salze".

5.5 Nachweis von Carbonat in Backpulver

Geräte

2 Reagenzgläser
Stopfen, durchbohrt
Glasröhrchen, 80 mm
Gummischlauch, 30 cm
Reagenzglasständer

Chemikalien

Backpulver
destilliertes Wasser
Calciumhydroxidlösung
Glycerin

Warnhinweise

Calciumhydroxid (Kalkwasser) verursacht Verätzungen! Schutzbrille und Schutzhandschuhe tragen!

Durchführung

Backpulver 2 cm hoch ins Reagenzglas geben und etwa die gleiche Menge destilliertes Wasser hinzufügen. Danach schüttelt man kurz und verschließt das Reagenzglas mit dem Stopfen, in dessen Bohrung ein Glasröhrchen mit einem etwa 30 cm langen Schlauch gesteckt ist (Glycerin als Gleitmittel verwenden!). Dieser führt in ein zweites Reagenzglas, das zur Hälfte mit Calciumhydroxidlösung gefüllt ist.

Beobachtung

Es setzt eine lebhafte Gasentwicklung ein. Das Kalkwasser trübt sich. Nach einiger Zeit wird die Lösung wieder klar.

Auswertung

Backpulver enthält Natriumhydrogencarbonat (Natron), ein Säuerungsmittel (Weinstein, Diphosphat) und ein Trennmittel (Stärke). Sobald diese Mischung mit Feuchtigkeit in Berührung kommt, entsteht unter anderem als Reaktionsprodukt Kohlenstoffdioxid, das mit Kalkwasser schwerlösliches Calciumcarbonat bildet. Bei CO_2-Überschuß geht der Niederschlag wieder in Lösung (Calciumhydrogencarbonat). Der „saure" Bestandteil verhindert zudem, daß im Teig bzw. Gebäck ein alkalischer Rückstand verbleibt.

5 Mineralstoffe

Anmerkungen

Bei der Verwendung von Backpulver zur Teiglockerung ist im Unterschied zur Hefe (Vgl. Versuch 6.3) keine Gare erforderlich. Carbonate lassen sich auch in Pottasche (Kaliumcarbonat), Hirschhornsalz (im wesentlichen Ammoniumcarbonat) und Brausepulver (Vgl. Versuch 4.3) nachweisen. Entsorgung in den Behälter für „Säuren, Laugen, Salze".

5.6 Nachweis von Phosphat in Salat

Geräte	Chemikalien
2 Reagenzgläser	Salatblattaschelösung
Reagenzglasständer	(Vgl. zur Herstellung Versuch 5.1)
2 Tropfpipetten	Salpetersäure, 20%ig
Spatel	Ammoniummolybdat
Präzisionswaage	destilliertes Wasser
Meßpipette, 5 ml	
Brenner	
Reagenzglashalter	

Warnhinweise

Salpetersäure verursacht schwere Verätzungen! Dämpfe nicht einatmen! Schutzbrille und Schutzhandschuhe tragen! Ammoniummolybdat ist gesundheitsschädlich beim Verschlucken!

Durchführung:

In einem Reagenzglas wird aus 0,1 g Ammoniummolybdat und 1 ml destilliertem Wasser eine ca. 10%ige Ammoniummolybdatlösung hergestellt. Nun füllt man in ein weiteres Reagenzglas etwa 2 cm hoch Aschefiltrat und fügt fünf Tropfen verdünnte Salpetersäure hinzu. Nach Zugabe von zehn Tropfen Ammoniummolybdatlösung wird der Inhalt des Reagenzglases leicht erwärmt.

5 Mineralstoffe

Beobachtung

Es entsteht eine Gelbfärbung bzw. ein gelber Niederschlag.

Auswertung

Die Phosphat-Ionen bilden mit Ammoniummolybdat ein Salz, nämlich das Ammoniummolybdatophosphat, das in Salpetersäure unlöslich ist. Hoher Phosphatgehalt führt bereits in der Kälte zu einer Gelbfärbung und in der Wärme zu einer gelben, kristallenen Fällung. Bei niedrigem Phosphatgehalt ergibt sich bei Erwärmung lediglich ein Farbumschlag.

Anmerkungen

Arsenate bedingen mit Ammoniummolybdat eine ähnliche Reaktion (allerdings erst beim Erhitzen). Vgl. zum Thema „gesundheitliche Gefährdungen durch zuviel Phosphat" Versuch 7.7. Entsorgung in den Behälter für „Säuren, Laugen, Salze".

6 Enzyme

6.1 Stärkeabbau durch Ptyalin

Geräte

Becherglas, 100 ml
2 Reagenzgläser
Reagenzglasständer
Trichter
Rundfilter
Glasstab
2 Meßpipetten, 5 ml
Reagenzglashalter
Brenner

Chemikalien

Weißbrot, 5 g
destilliertes Wasser
Fehlingsche Lösung I
Fehlingsche Lösung II
Siedesteinchen

Warnhinweise

C
Xn

Fehlingsche Lösung II verursacht schwere Verätzungen! Schutzbrille und Schutzhandschuhe tragen! Beim Erhitzen Siedesteinchen hinzufügen. Fehlingsche Lösung I ist gesundheitsschädlich beim Verschlucken!

Durchführung

Ein Stückchen Weißbrot wird ca. 3 Minuten lang gut gekaut (Geschmacksveränderung beachten!). Anschließend gibt man den Speisebrei in ein Becherglas, fügt ein halbes Reagenzglas destilliertes Wasser hinzu, rührt um und filtriert zurück in das Reagenzglas. In einem weiteren Reagenzglas werden 2 ml Fehling I und 2 ml Fehling II gemischt und mit 2 ml Filtrat versetzt. Unter Schütteln erhitzt man dann vorsichtig bis zum Sieden.

Beobachtung

Mit zunehmender Kaudauer verändert sich der Brotgeschmack ins Süßliche. Das Filtrat reagiert mit Fehlingscher Lösung zunächst in Form einer Farbänderung von blau nach grüngelb, sodann entsteht ein ziegelroter Niederschlag.

6 Enzyme

Auswertung

Speichel enthält ein Verdauungsenzym, das Ptyalin, das Stärkemoleküle in Maltose (Malzzucker) spaltet. Diese bildet mit Fehling in der Hitze Kupfer(I)-oxid.

Anmerkungen

Ptyalin zählt wie die Diastase (Enzym keimender Getreidekörner) zu den Amylasen. Sie sind in der Lage pflanzliche und tierische Stärke abzubauen. Dies geschieht beim Ptyalin bis in den Magen hinein, wo es durch den Magensaft an Wirkung verliert.
Entsorgung in den Behälter für „Säuren, Laugen, Salze".

6.2 Eiweißverdauung durch Pepsin

Geräte	Chemikalien
5 Reagenzgläser	Eiklarlösung
Reagenzglasständer	(Vgl. zur Herstellung Versuch 3.1)
2 Meßpipetten, 5 ml	Pepsin, Pulver
Brenner	destilliertes Wasser
Reagenzglashalter	Salzsäure, 10%ig
Präzisionswaage	
Spatel	
Tropfpipette	
Fettstift	
Becherglas, 250 ml	
Dreifuß	
Wärmeschutznetz	
Thermometer, -10 ... +110 °C	

Warnhinweise

Salzsäure reizt Augen und Haut! Schutzbrille und Schutzhandschuhe tragen! Xi

6 Enzyme

Durchführung

8 ml Eiklarlösung werden im Reagenzglas unter Schütteln bis zum Ausflocken erhitzt. Nach Abkühlung verteilt man die Suspension gleichmäßig auf vier Reagenzgläser. In das erste Reagenzglas werden 5 ml destilliertes Wasser, in das zweite 5 ml ca. 1%ige Pepsinlösung (0,1 g Pepsin auf 10 ml destilliertes Wasser), in das dritte 5 ml ca. 1%ige Pepsinlösung und 20 Tropfen verdünnte Salzsäure, in das vierte Reagenzglas 5 ml destilliertes Wasser und 20 Tropfen verdünnte Salzsäure gegeben. Anschließend markiert man die Gläser mit einem Fettstift und erwärmt sie im Wasserbad etwa eine halbe Stunde auf Körpertemperatur (35 - 40 °C).

Beobachtung

Nur in dem Reagenzglas, das Pepsinlösung und Salzsäure enthielt, ist die Trübung verschwunden bzw. bedeutend schwächer geworden.

Auswertung

Eiweiß wird durch Enzyme abgebaut. Das im Magensaft enthaltene Pepsin entfaltet seine Wirkung jedoch nur in saurer Umgebung (Magensäure!). Dabei werden Eiweißstoffe stets an bestimmten Stellen im Molekül (in der Mitte der Peptidketten) zu wasserlöslichen Peptonen aufgespalten.

Anmerkungen

Pepsin läßt sich auch aus Kälbermagen gewinnen und wird dann zu Pepsinpräparaten (z. B. Pepsinwein) verarbeitet, die bei Verdauungsstörungen eingenommen werden können.
Eine besondere Entsorgung ist nicht erforderlich.

6.3 Wirkungsweise der Hefe beim Backen

Geräte

2 Bechergläser, 100 ml
Löffel

Chemikalien

Mehl
Bäckerhefe

6 Enzyme

Geräte

Spatel
Glasstab
Fettstift
Plastikwanne
Thermometer, -10 ... +110 °C

Warnhinweise

Durchführung

Drei gehäufte Löffel Mehl und drei Löffel Wasser werden, einmal unter Zusatz eines halben Spatels Hefe, in je ein Becherglas gegeben und mit einem Glasstab zu einem Teig vermengt. Nachdem man die Gläser gekennzeichnet hat, stellt man sie in die zur Hälfte mit lauwarmem Wasser (ca. 35 °C) gefüllte Plastikwanne.

Beobachtung

Nach etwa 30 Minuten hat sich das Volumen des mit Hefe versetzten Teigs auf ungefähr das Doppelte vergrößert. Betrachtet man das Glas von unten, so sieht man deutlich durch Gasblasen entstandene Hohlräume.

Auswertung

Die Hefepilze bewirken einen enzymatischen Kohlenhydratabbau, bei dem u. a. Kohlenstoffdioxid entsteht (Vgl. Versuch 9.4), das zur Teiglockerung führt. Wärme begünstigt den Vorgang. Das Enzym der Hefe („Zymase") stellt einen Komplex aus mindestens zwölf verschiedenen Wirkstoffen dar.

Anmerkungen

Für zucker- und fettreiche Teigarten ist Hefe weniger geeignet; hier findet Backpulver Verwendung (Vgl. Versuch 5.5). „Sauerteig" enthält neben Hefe Milchsäurebakterien, so daß zu den Gärungs- noch Säuerungsprozesse hinzutreten. Überhaupt bieten sich hier viele Möglichkeiten zum

6 Enzyme

„fächerübergreifenden Arbeiten" (Brotbacken). Für sehr schweren Teig (Lebkuchen) verwendet man am besten Hirschhornsalz als Treibmittel.

6.4 Zersetzung von Wasserstoffperoxid durch Katalase

Geräte

Messer
Spatel
Reagenzglas
Reagenzglasständer
Holzspan
Meßzylinder, 50 ml
Meßpipette, 5 ml
Brenner

Chemikalien

Leber, roh (ca. 2 g)
destilliertes Wasser
Wasserstoffperoxidlösung, 30%ig

Warnhinweise

C Wasserstoffperoxidlösung verursacht Verätzungen! Schutzbrille und Schutzhandschuhe tragen

Durchführung

2 g Leber werden mit dem Messer fein zerkleinert (etwa ein Spatel voll) und mittels eines Holzspans in ein Reagenzglas gegeben. Anschließend stellt man aus 9 ml destilliertem Wasser sowie 1 ml 30%iger Wasserstoffperoxidlösung eine 3%ige H_2O_2-Lösung her und fügt davon soviel zur Leber hinzu, daß diese gerade bedeckt ist. Dann wird ein glimmender Holzspan ins Reagenzglas eingeführt.

Beobachtung

Es setzt eine Schaumbildung (Gasentwicklung) ein. Der Holzspan leuchtet auf.

6 Enzyme

Auswertung

Wasserstoffperoxid wird durch ein in der Leber enthaltenes Enzym, die Katalase, in Wasser und Sauerstoff zerlegt. Der freiwerdende Sauerstoff bedingt das Aufleuchten des glimmenden Holzspans. Die in pflanzlichem und tierischem Gewebe weit verbreitete Katalase baut beim Stoffwechsel entstehendes Wasserstoffperoxid ab, welches ein starkes Zellgift darstellt.

Anmerkungen

Arbeitsteiliges Vorgehen ermöglicht die gleichzeitige Untersuchung von Kartoffeln, Hefe, Haferflocken u. ä., wobei aus der Stärke der Schaumbildung Rückschlüsse auf die Frische der Ware gezogen werden können (Vgl. auch Versuch 2.6). Kurzes Aufkochen der Stoffproben führt zur Koagulation (s. Versuch 3.7) und damit zur Inaktivierung des Enzyms, das ja einen Eiweißkörper darstellt.

Entsorgung von überschüssiger Wasserstoffperoxidlösung in den Behälter für „Säuren, Laugen, Salze".

7 Lebensmittelzusatzstoffe

7.1 Nachweis von Schwefeldioxid bzw. schwefliger Säure in Wein

Geräte

Erlenmeyerkolben
(mit Teilung), 100 ml
Stopfen
Dreifuß
Wärmeschutznetz
Brenner

Chemikalien

Weißwein (lieblich)
Kaliumiodat-Stärkepapier
destilliertes Wasser

Warnhinweise

Durchführung

In einem Erlenmeyerkolben gibt man 50 ml Weißwein. Dann verschließt man den Kolben locker mit dem Stopfen, mit dessen Hilfe gleichzeitig ein Streifen Kaliumiodat-Stärkepapier festgeklemmt wird. Das untere Ende des angefeuchteten Papiers sollte sich ca. 1 cm über der Flüssigkeit befinden. Nun erwärmt man den Wein bei kleiner Flamme.

Beobachtung

Nach kurzer Zeit färbt sich das Testpapier blauviolett. Die Färbung verschwindet jedoch wieder mit steigender Temperatur.

Auswertung

Kaliumiodat-Stärkepapier ist ein mit Kaliumiodat und Stärke imprägniertes Filterpapier. Kaliumiodat wird durch Schwefeldioxid bzw. schweflige Säure reduziert. Dabei entsteht freies Iod, das mit Stärke die bekannte Nachweisreaktion ergibt, die allerdings nicht wärmebeständig ist.

7 Lebensmittelzusatzstoffe

Anmerkungen

Weißweine enthalten in der Regel mehr Schwefeldioxid bzw. schweflige Säure als Rotwein, liebliche Weine weisen meist einen höheren Gehalt dieses Konservierungsmittels auf als trockene Weine. Steht kein Kaliumiodat-Stärkepapier zur Verfügung, so kann auch ein Nachweis mit Sulfit-Testpapier oder mit Sulfit-Teststäbchen (in beiden Fällen Neutralisation erforderlich!) geführt werden. Letztere Methode gestattet zudem eine halbquantitative Bestimmung.

7.2 Schwefelung von Trockenfrüchten

Geräte	Chemikalien
Erlenmeyerkolben, 100 ml	Aprikosen (getrocknet und
Messer	[un]geschwefelt)
Löffel	destilliertes Wasser
Stopfen	Kaliumiodat-Stärkepapier
Becherglas, 250 ml (niedrig)	
Stativplatte	
Stativstange	
Stativring	
Doppelmuffe	
Wärmeschutznetz	
Brenner	
Wärmeschutzplatte	

Warnhinweise

Durchführung

In einen Erlenmeyerkolben gibt man zwei Löffel zerkleinerte (un)geschwefelte Aprikosen und soviel destilliertes Wasser, daß die Früchte gerade bedeckt sind. Anschließend wird der Kolben locker mit einem Stopfen verschlossen, der zugleich zur Befestigung eines ca. 1 cm über der

7 Lebensmittelzusatzstoffe

Flüssigkeitsoberfläche endenden Stücks Kaliumiodat-Stärkepapiers (anfeuchten!) dient, und bei kleiner (!) Flamme im Wasserbad erwärmt. Tritt bis zum Sieden desselben keine Veränderung am Teststreifen ein, Erlenmeyerkolben herausnehmen und abkühlen lassen.

Beobachtung

Geschwefelte Aprikosen führen zu einer vorübergehenden Blauviolettfärbung des Testpapiers; bei ungeschwefelten bleibt die Iod-Stärkereaktion aus. Eventuell kommt die Farbänderung erst beim Abkühlen zum Vorschein.

Auswertung

Vgl. Versuch 7.1!

Anmerkungen

Arbeitsteiliges Vorgehen ermöglicht die gleichzeitige Untersuchung verschiedener Trockenfrüchte (Äpfel, Birnen u. a. [Rosinen werden übrigens zunehmend nur noch ungeschwefelt angeboten.]). Eine Deklarationspflicht „(stark) geschwefelt" besteht ab 50 (500) mg SO_2 je l bzw. kg. Schwefeldioxid entwickelnde Stoffe besitzen antimikrobielle, antioxidative und enzymhemmende Wirkungen, sind aber toxikologisch nicht unumstritten. Eine Alternative zum beschriebenen Versuch stellt die eigene Haltbarmachung von getrockneten Früchten dar.
(Wegen der Gefährlichkeit von SO_2 unter dem Abzug arbeiten.)

7.3 Emulsion - Emulgator

Geräte

3 Reagenzgläser
Reagenzglasständer
Meßpipette, 5 ml
3 Stopfen

Chemikalien

Vollmilch
destilliertes Wasser
Ethanol, 50%ig
Olivenöl

7 Lebensmittelzusatzstoffe

F

Warnhinweise
Ethanol ist leicht entzündlich! Alle Flammen löschen!

Durchführung
Drei Reagenzgläser werden 2 cm hoch, das erste mit Vollmilch, das zweite mit destilliertem Wasser und das dritte mit Ethanol gefüllt. Nach Zugabe von je 1 ml Olivenöl verschließt man die Reagenzgläser mit einem Stopfen, schüttelt sie gleichzeitig etwa zwei Minuten lang und stellt sie anschließend in den Reagenzglasständer.

Beobachtung
In allen drei Reagenzgläsern hat sich das Öl mit den vorgelegten Flüssigkeiten gemischt. Diese haben jetzt allesamt ein milchig-trübes Aussehen. Bei der Kombination Wasser/Öl findet jedoch nach kurzer Zeit eine Entmischung statt (ca. 5 min).

Auswertung
Zwei ineinander nicht lösliche Flüssigkeiten wie Wasser und Öl können durch Schütteln zur Bildung einer Emulsion gebracht werden. Solche feinsten Verteilungen einer Flüssigkeit in einer anderen können mehr oder weniger beständig sein. Stoffe, die die Entstehung von Emulsionen durch Herabsetzung der Oberflächenspannung ermöglichen oder ihre Beständigkeit erhöhen, nennt man Emulgatoren bzw. Stabilisatoren (Albumin und Casein der Milch, Ethanol). Infolge der Lichtbrechung erscheinen Emulsionen milchig-trüb.

Anmerkungen
Während bei obigem Versuch Öl-in-Wasser-Emulsionen auftreten, handelt es sich z. B. bei der Margarineherstellung (Vgl. 1.11) um eine Wasser-in-Öl-Emulsion. Mit dem Begriff „Stabilisator" werden häufig auch Überzugs-, Gelier-, Trenn-, Verdickungs-, Antioxidations- und Konservierungsmittel bezeichnet. Entsorgung des Wasser-Ethanol-Gemischs in den Behälter für „mit Wasser mischbare brennbare Lösemittelabfälle".

7.4 Farbstoffe in Götterspeise (Papierchromatographie)

Geräte

Meßzylinder, 50 ml
2 Bechergläser, 100 ml
Löffel
Becherglas, 250 ml (niedrig)
Glasstab
Trichter
Rundfilter
Filtriergestell
Petrischale
Chromatographiepapier, 100 × 100 mm
Tropfpipette

Chemikalien

Brennspiritus*
destilliertes Wasser
Götterspeise-Pulver, grün (Waldmeister)

* mit Petrolether vergällt

Warnhinweise

Brennspiritus ist leicht entzündlich! Alle Flammen löschen!

Durchführung

In eine Mischung aus 8 ml Brennspiritus und 2 ml destilliertem Wasser gibt man einen Löffel Götterspeise-Pulver und rührt mit einem Glasstab solange um, bis sich die Flüssigkeit grün gefärbt hat (Um die Farbausbeute zu erhöhen, das kleine Becherglas in größeres mit heißem Wasser stellen!). Nachdem sich die nichtlöslichen Bestandteile abgesetzt haben, wird filtriert. Nun schneidet man das Chromatographiepapier zurecht, legt es über die offene Seite einer Petrischale und trägt in der Mitte des Papiers fünf Tropfen der Farbstofflösung auf. Dabei (wie auch im folgenden) stets ein vollständiges Aufsaugen der Flüssigkeit abwarten. Anschließend wird - wiederum in der Mitte des Chromatographiepapiers - etwa zehnmal ein Gemisch aus vier Teilen Brennspiritus und einem Teil destilliertem Wasser aufgetropft.

Beobachtung

Der ursprünglich grüne Farbfleck fließt auseinander und spaltet sich dabei in einen inneren gelben und einen äußeren blauen Farbring auf.

Auswertung

Grünes Götterspeise-Pulver enthält die synthetischen Farbstoffe Chinolingelb (E 104) und Patentblau V (E 131), bisweilen auch noch Gelborange S (E 110). Diese können chromatographisch getrennt werden. Dabei wirkt das Brennspiritus-Wasser-Gemisch als Löse- und Fließmittel („mobile Phase"), das Chromatographiepapier dient der Adsorption („stationäre Phase").

Anmerkungen

Steht kein Chromatographiepapier zur Verfügung, so kann auch ersatzweise auf Rundfilter ausgewichen werden. Weitere Möglichkeiten der Papierchromatographie stellen die Streifen-, Zylinder- und Brückenmethode dar. Entsorgung in den Behälter für „mit Wasser mischbare brennbare Lösemittelabfälle".

7.5 Farbstoffe in „Smarties" (Säulenchromatographie)

Geräte	Chemikalien
Meßzylinder, 50 ml	Brennspiritus*
Erlenmeyerkolben, 50 ml (weit)	destilliertes Wasser
Stopfen	„Smarties" (rosa, blau, lila), je 6 Stück
3 Bechergläser, 100 ml	Schulkreide (weiß), 3 Stück
Trichter	
3 Rundfilter	* mit Petrolether vergällt
Filtriergestell	

Warnhinweise

Brennspiritus ist leicht entzündlich! Alle Flammen löschen! **F**

7 Lebensmittelzusatzstoffe

Durchführung

In einem Erlenmeyerkolben werden sechs „Smarties" der gleichen Farbe mit einem Gemisch aus 8 ml Brennspiritus und 2 ml destilliertem Wasser übergossen. Durch Umschwenken löst man den größten Teil der Farbschicht ab (Nicht so lange warten, bis die Schokolinsen weiß sind, da sonst zuviel Zucker in die Farbstofflösung gelangt!) und filtriert in ein Becherglas. Nachdem der Erlenmeyerkolben ausgespült worden ist, verfährt man mit den restlichen „Smarties" in gleicher Weise. Anschließend wird in jedes der drei Bechergläser ein Stück Schulkreide gestellt und abgewartet, bis das Fließmittel die Oberkanten der „Säulen" erreicht hat. Dann nimmt man die Kreidestücke heraus und läßt sie stehend trocknen.

Beobachtung

Bei den lila „Smarties" lassen sich drei (blau, gelb, rot), bei den blauen zwei (blau, rot) und bei den rosa eine (kirschrot) Farbzone(n) erkennen.

Auswertung

Der farbige Überzug von Schokolinsen besteht meist aus einem Gemisch verschiedener Komponenten. Dabei handelt es sich um synthetische (z. B. E 127 = Erythrosin) oder natürliche (z. B. E 161 = Xantophylle) Farbstoffe, mitunter auch um Mineralfarben (z. B. E 171 = Titandioxid).

Anmerkungen

Eine Weiterführung des obigen Versuchs stellt die Verwendung eines etwa 40 cm langen Glasrohrs mit Aluminiumoxidfüllung als „Säule" dar. Hierbei können die Farbstoffe durch Auswaschen voneinander getrennt werden. Zur Isolierung von Farbstoffen aus Lebensmitteln bietet sich auch die „Wollfadenmethode" an, bei der weiße, entfettete Wollfäden als Trägermaterial benutzt werden.

7.6 Wirkungsweise der Benzoesäure

Geräte

2 Erlenmeyerkolben
(mit Teilung), 100 ml
Löffel
2 Stopfen, durchbohrt
2 Sicherheitsrohre (Gärrohre)
Präzisionswaage
Spatel

Chemikalien

Glucose
Bäckerhefe
Benzoesäure, Pulver
Glyzerin
Calciumhydroxidlösung

Warnhinweise

Calciumhydroxidlösung (Kalkwasser) verursacht Verätzungen! Schutzbrille und Schutzhandschuhe tragen! Vorsicht beim Hineindrehen der Sicherheitsrohre in die Stopfen! Glyzerin als Gleitmittel verwenden!

Durchführung

In einen Erlenmeyerkolben gibt man 100 ml lauwarmes Wasser, löst darin 3 volle Löffel Glucose auf und fügt dazu unter leichtem Schütteln 10 g zerkrümelte Bäckerhefe. Anschließend wird die Hälfte dieser Lösung in den zweiten Erlenmeyerkolben gegossen und mit 0,2 g Benzoesäure versetzt (Hierbei ist ein längeres Schütteln erforderlich!). Danach verschließt man beide Kolben mit je einem Stopfen, in dessen Bohrung ein Sicherheitsrohr (Gärröhrchen) eingeführt worden ist. Nachdem man letztere mit genügend Kalkwasser gefüllt hat, werden die Apparaturen an einen warmen Ort (Sonneneinstrahlung, Heizung) gestellt.

Beobachtung

Nach 1 - 2 Tagen hat sich das Kalkwasser in einem der beiden Sicherheitsrohre, nämlich demjenigen, das den Erlenmeyerkolben ohne Benzoesäure verschließt, deutlich getrübt. Das andere Sicherheitsrohr weist keine oder nur geringfügige Trübung auf.

7 Lebensmittelzusatzstoffe

Auswertung

Benzoesäure (Benzolcarbonsäure) blockiert wichtige Lebensvorgänge in den Hefezellen und verhindert bzw. beeinträchtigt dadurch eine alkoholische Gärung, die als Spaltprodukt Kohlenstoffdioxid produziert.

Anmerkungen

Da Benzoesäure in kalten Wasser wenig löslich, weicht man oft auf ihre Alkalisalze aus, so z. B. Natriumbenzoat. Preiselbeeren enthalten natürlicherweise Benzoesäure (0,04 - 0,12 %); daraus hergestellte Marmeladen oder Kompotte sind ohne weitere Zusätze haltbar. Benzoesäure ist jedoch in ihrer Anwendung als Konservierungsmittel umstritten, bei Fischkonserven häufig unentbehrlich.

7.7 Phosphat in der Wurst

Geräte

Messer
2 Bechergläser, 100 ml
Glasstab
Dreifuß
Wärmeschutznetz
Brenner
Wärmeschutzplatte
Filtriergestell
Trichter
2 Rundfilter
Reagenzglas
Reagenzglasständer
2 Tropfpipetten
Reagenzglashalter

Chemikalien

Fleischwurst, mit/ohne Phosphat
destilliertes Wasser
Salpetersäure, 20%ig
Ammoniummolybdat

7 Lebensmittelzusatzstoffe

Warnhinweise

Salpetersäure verursacht schwere Verätzungen! Dämpfe nicht einatmen! Schutzbrille und Schutzhandschuhe tragen! Ammoniummolybdat ist gesundheitsschädlich beim Verschlucken!

C
Xn

Durchführung

Eine halbe Scheibe Wurst (ca. 10 g) wird mit dem Messer zerkleinert und in einem Becherglas mit etwa der vierfachen Menge destillierten Wassers unter Umrühren kurz aufgekocht. Nach Abkühlung filtriert man zweimal, gibt vom Filtrat 2 cm hoch in ein Reagenzglas hinein und fügt fünf Tropfen verdünnte Salpetersäure sowie zehn Tropfen 10%ige Ammoniummolybdatlösung (0,1 g Ammoniummolybdat auf 0,9 ml destilliertes Wasser) hinzu. Anschließend kurz erwärmen und Versuch mit phosphatfreier Wurst wiederholen.

Beobachtung

Bei phosphathaltiger Wurst färbt sich der Inhalt des Reagenzglases gelb bzw. fällt ein feiner gelber Niederschlag aus.

Auswertung

Vgl. Versuch 5.6

Anmerkungen

Wurstwaren wird häufig als Stabilisator Phosphat in der Form von Mono- oder Pyrophosphaten (Höchstmenge: 0,3 %) zugesetzt, um das Wasserbindungsvermögen zu erhöhen. Der Nachweis, daß Phosphate in Lebensmitteln zu Hyperaktivität u. ä. führen, konnte bis jetzt noch nicht eindeutig erbracht werden. Allerdings bedingt ein zuviel an Phosphat unter Umständen eine Entkalkung des Knochenbaus.
Entsorgung in den Behälter für „Säuren, Laugen, Salze".

7 Lebensmittelzusatzstoffe

7.8 Schwefelsäureprobe auf Saccharin und Cyclamat

Geräte

Präzisionswaage
Mörser
Spatel
Pistill
Tiegel
Dreifuß
Drahtdreieck
Wärmeschutzplatte
Brenner
Tiegelzange
Becherglas, 250 ml
Tropfpipette
Glasstab
Becherglas, 100 ml

Chemikalien

5 Süßstofftabletten
Natriumcarbonat
Kaliumnitrat
destilliertes Wasser
Salpetersäure, 20%ig
Universalindikatorpapier
Bariumchlorid

Warnhinweise

Natriumcarbonat (Soda) reizt die Augen! Kaliumnitrat beinhaltet Feuergefahr bei Berührung mit brennbaren Stoffen! Salpetersäure verursacht schwere Verätzungen! Schutzbrille und Schutzhandschuhe tragen! Dämpfe nicht einatmen! Bariumchlorid ist gesundheitsschädlich beim Einatmen und Verschlucken! Vorsicht beim Hineingießen der heißen Schmelze ins Wasser! Spritzgefahr!

Durchführung

Je 1 g Natriumcarbonat und Kaliumnitrat werden zusammen mit fünf Süßstofftabletten im Mörser verrieben und anschließend im Tiegel geschmolzen. Die klare Schmelze schüttet man dann vorsichtig in das größere Becherglas mit ca. 100 ml destilliertem Wasser. Durch Zugabe von verdünnter Salpetersäure wird die Lösung angesäuert und eine Spatelspitze Bariumchlorid eingerührt. In dem kleineren Becherglas führt man eine

7 Lebensmittelzusatzstoffe

Vergleichsprobe mit destilliertem Wasser, Salpetersäure und Bariumchlorid durch.

Beobachtung

Während die Vergleichslösung klar bleibt, trübt sich der Inhalt des ersten Becherglases durch Bildung eines weißen Niederschlags.

Auswertung

Die oxidierende Schmelze aus Natriumcarbonat und Kaliumnitrat setzt aus Saccharin (ortho-Benzoesäuresulfimid) bzw. Cyclamat (Cyclohexylsulfamidsäure) Sulfationen frei, die mit Bariumchlorid unlösliches Bariumsulfat bilden [von daher die Bezeichnung „Schwefelsäureprobe"]. Mit Salpetersäure werden überschüssige Carbonationen aufgefangen, die ansonsten zu einer Ausfällung von Bariumcarbonat führen würden.

Anmerkungen

Anstelle des in Wasser schwer löslichen Saccharins ($C_7H_5NO_3S$) wird häufig sein wasserlösliches Natriumsalz ($NaC_7H_4NO_3S \cdot 2H_2O$) verwendet. Cyclamat ($C_6H_{13}NO_3S$) besitzt etwa den zehnten Teil der Süßkraft von Saccharin und kommt in der BRD immer noch - trotz bestehender gesundheitlicher Bedenken (Vgl. Anmerkung zu Versuch 7.9) - häufig als Süßstoffmischung auf den Markt.
Entsorgung in den Behälter für „Säuren, Laugen, Salze".

7.9 Nachweis von Aminosäuren in künstlichem Süßstoff (Aspartam)

Geräte	Chemikalien
2 Reagenzgläser	1 Süßstofftablette
Reagenzglasständer	destilliertes Wasser
Meßpipette, 5 ml	Kupfer(II)-hydrogencarbonat
Stopfen	Natronlauge, 10%ig

7 Lebensmittelzusatzstoffe

Geräte

Reagenzglashalter
Brenner
Spatel
Tropfpipette
Wärmeschutzplatte

Warnhinweise

Xn
C

Kupfer(II)-hydrogencarbonat ist gesundheitsschädlich beim Verschlucken! Natronlauge verursacht schwere Verätzungen! Schutzbrille und Schutzhandschuhe tragen!

Durchführung

Man löst eine Tablette Aspartam durch schütteln in 5 ml destilliertem Wasser auf. Mit dieser Lösung wird ein zweites Reagenzglas ca. 2 cm hoch gefüllt, die sodann kurz aufzukochen ist. Anschließend fügt man eine Spatelspitze Kupfer(II)-hydrogencarbonat hinzu, schüttelt (Stopfen!) und gibt noch 10 Tropfen verdünnte Natronlauge in das Reagenzglas.

Beobachtung

Die Lösung färbt sich tiefblau, bei Zugabe von verdünnter Natronlauge bildet sich kein Niederschlag.

Auswertung

Künstliche Süßstoffe mit dem Wirkstoff Aspartam enthalten häufig als weitere Bestandteile Glycin und Leucin. Beides sind - genauso wie die Komponenten des Aspartams selbst (= α-L-Aspartyl-L-phenylalaninmethylester) - Aminosäuren, die mit Kupfer(II)-hydrogencarbonat gegen Hydroxidionen beständige Kupferkomplexe bilden. Aspartam ist weder koch- noch backbeständig; bei Erwärmung wird es hydrolytisch in Asparaginsäure und Phenylalanin gespalten.

7 Lebensmittelzusatzstoffe

Anmerkungen

Den künstlichen Süßstoffen Saccharin und vor allem Cyclamat (seit 1969 in den USA verboten!) wird eine krebsauslösenden Substanzen unterstützende Wirkung bei hoher Konzentration zugeschrieben. Solche Konzentrationen werden allerdings bei normalem Gebrauch niemals erreicht. Die Lebensmittelindustrie versucht daher auf „naturnahe" synthetische Süßstoffe auszuweichen.

Entsorgung in den Behälter für „Säuren, Laugen, Salze".

Vgl. zum Thema „Phenylalanin" auch Versuch 3.2.

8 Wasser

8.1 Wassergehalt von Brot

Geräte
Präzisionswaage
Pinzette
Stativplatte
Stativstange
Doppelmuffe
Stativring
Sandbadschale, flach
Wärmeschutznetz
Brenner

Chemikalien
Brotscheibe

Warnhinweise

Die Stativteile heizen sich stark auf!

Durchführung

Ein dünnes Brotstück wird exakt ausgewogen. Dann befestigt man den Stativring mittels einer Doppelmuffe am Stativ, stellt die leere Sandbadschale darauf und legt darüber das Wärmeschutznetz mit dem Brot. Diese wird nun bei kleiner Flamme unter mehrmaligem Wenden getrocknet (Nicht anbrennen lassen!). Sobald offensichtlich kein Wasser mehr aus dem Brot entweicht, wird es nach Abkühlung (!) erneut gewogen. Anschließend setzt man die Trocknung für 5 Minuten fort und wiederholt die Wägung. Ergibt sich kein Unterschied zur vorherigen Masse, kann der Trocknungsvorgang beendet werden. Ansonsten trocknet man für weitere 5 Minuten.

Beobachtung

Das Brot verliert deutlich an Masse.

Auswertung

Aus der Differenz zwischen dem Ergebnis der ersten und der letzten Wägung kann der Wassergehalt sowohl absolut als auch prozentual berechnet werden. Bei frischem Brot kann der Wasseranteil bis zu 40 % ausmachen.

Anmerkungen

Die Verwendung eines Trockenschrankes liefert sicherlich genauere Werte, jedoch steht dieser bestimmt nicht überall zur Verfügung. Zudem bietet der dargestellte Versuch die Möglichkeit, arbeitsteilig verschiedene Lebensmittel auf ihren Wassergehalt zu untersuchen.

8.2 Radioaktivität in Mineralwasser

Geräte

3 Erlenmeyerkolben,
  100 ml (weit)
Meßzylinder, 50 ml
3 Stopfen
Auslösezählrohr für α-,
  β- und γ-Strahlung
Zählrohrkabel
Geiger-Müller-Zählgerät
Stoppuhr

Chemikalien

destilliertes Wasser
2 Mineralwässer, eines davon
  radonhaltig[*]

[*] aus Italien oder Österreich
  mitbringen (lassen)

Warnhinweise

Sicherheitshinweise zum Umgang mit Zählrohr beachten!

Durchführung

Die drei Erlenmeyerkolben werden mit je 50 ml destilliertem Wasser bzw. Mineralwasser gefüllt und mit einem Stopfen verschlossen. Jeweils vor dem Messungsvorgang schüttelt man die Kolben kurz und führt dann das Zählrohr ein, ohne allerdings die Flüssigkeit zu berühren. Gemessen wird stets über einen Zeitraum von fünf Minuten. Anschließend notiert man sich die Impulszahl und berechnet die Aktivität in Becquerel (Impulszahl : 300).

8 Wasser

Beobachtung

Das Geiger-Müller-Zählgerät registriert optisch und akustisch die vorhandene radioaktive Strahlung, die in unregelmäßiger Folge auftritt. In allen drei Fällen (auch beim destillierten Wasser = Nulleffekt!) zeigt das Meßgerät einen Wert an, der jedoch beim „normalen" Mineralwasser etwa 1/6, beim radonhaltigen Mineralwasser ca. 1/3 höher liegt.

Auswertung

Das radioaktive Edelgas Radon als Komponente der terrestrischen Strahlung stellt zunächst einen reinen α-Strahler dar. Seine Folgeprodukte in den verschiedenen Zerfallsreihen senden jedoch α-, β- und γ-Strahlung aus. Unter den verschiedenen Isotopen des Radons besitzt Rn-222 die längste Halbwertzeit, nämlich 3,8 Tage. Durch Schütteln wird ein Teil des gelösten Gases freigesetzt.

Anmerkungen

Bei deutschen Mineralwässern mißt man im Zuge des Anerkennungsverfahrens die α-Aktivität. Ein Grenzwert besteht nicht, der Parameter erscheint auch nicht auf den Flaschenetiketten. In anderen Ländern, beispielsweise in Italien, wo die Radioaktivität insbesondere bei alpinen Wässern wesentlich stärker ist, kann man sie dem umfangreichen Analyseabdruck entnehmen. Das zur Versuchsdurchführung benutzte radonhaltige Wasser besaß z.B. eine α-Aktivität von 28,1 Bq/l. Über die „Harmlosigkeit" solcher Werte gehen die Meinungen auseinander.

8.3 Nachweis von Nitrat und Nitrit durch Teststäbchen

Geräte

Becherglas, 100 ml

Chemikalien

Nitrat-Teststäbchen

Warnhinweise

Durchführung

Ein Becherglas wird zur Hälfte mit Leitungswasser gefüllt. Nun taucht man das Nitrat-Teststäbchen kurz ein, schüttelt evtl. vorhandene Wassertropfen ab, wartet 20 Sekunden und vergleicht die Färbung des unteren Testfeldes mit der Farbskala auf der Verpackung (Sollte sich das obere Testfeld rot verfärben, so enthält die Wasserprobe Nitrite! Diese müssen dann zur exakten Nitratbestimmung mit Sulfaminsäure unschädlich gemacht werden.).

Beobachtung

Bei Anwesenheit von Nitraten zeigt das ursprünglich weiße Testfeld eine Verfärbung nach rot bis violett.

Auswertung

Nitrat-Teststäbchen ermöglichen es, durch Farbvergleich einen Nitratgehalt von 10 mg/l bis 500 mg/l festzustellen.

Anmerkungen

Laut Trinkwasserverordnung liegt der Grenzwert für Nitrat bei 50 mg/l (derjenige von Nitrit bei 0,1 mg/l). Auch wenn dieser Wert in der Regel nicht überschritten wird, weisen Trinkwasserproben aus dem Bundesgebiet häufig einen Nitratgehalt von 25 mg/l auf (EG-Richtlinie), der für Säuglinge aber bereits eine ernsthafte Gefährdung darstellt. Überhaupt sollte in diesem Zusammenhang beachtet werden, daß „Trinkwasser" ja nicht nur getrunken, sondern zur Herstellung vieler Lebensmittel benutzt wird. Auch hier können Nitrat-Teststäbchen zur Untersuchung wässriger Auszüge Verwendung finden.

8.4 Chloride in Mineral- und Leitungswasser

Geräte

2 Reagenzgläser
Reagenzglasständer
2 Tropfpipetten

Chemikalien

Mineralwasser
Salpetersäure, 20%ig
Silbernitratlösung, 5%ig

8 Wasser

Warnhinweise

C Salpetersäure und Silbernitrat(lösung) verursachen Verätzungen! Schutzbrille und Schutzhandschuhe tragen!

Durchführung

Ein Reagenzglas wird 2 cm hoch mit Mineral- bzw. Leitungswasser gefüllt. Anschließend setzt man je fünf Tropfen Salpetersäure und drei Tropfen Silbernitratlösung zu.

Beobachtung

Der Inhalt der beiden Reagenzgläser trübt sich. Gegen das Licht betrachtet sieht man deutlich weiße Ausfällungen, die sich allmählich violett bis schwarz verfärben.

Auswertung

Chloridionen bilden mit Silbernitrat in salpetersaurer Lösung weißes, unlösliches Silberchlorid (, das durch Zugabe von Ammoniakwasser in Lösung gebracht werden kann). Hierbei handelt es sich um eine recht empfindliche Nachweismethode. Die Veränderung des Niederschlags ist übrigens auf eine photochemische Reaktion zurückzuführen, bei der elementares Silber entsteht.

Anmerkungen

Die Fällung mit Silbernitrat gestattet neben einer qualitativen auch eine quantitative Bestimmung von Chloriden. Allerdings können durch Bromide und Iodide (schwachgelbe bzw. gelbe Niederschläge) Störungen auftreten. Chloride sind natürlicherweise in Mineral- und Leitungswasser enthalten, jedoch kann evtl. sich bei letzterem die Konzentration durch die zum Zwecke der Entkeimung durchgeführte Chlorierung erhöhen.
Entsorgung in den Behälter für „Säuren, Laugen, Salze".

9 Genußmittel

9.1 Coffeinnachweis im Tee

Geräte

Abdampfschale
Dreifuß
Wärmeschutznetz
4 Glasscheiben, 85 × 100 mm
Tropfpipette
Brenner
Reagenzglashalter
Wärmeschutzplatte
Lupe, 8 ×

Chemikalien

Teebeutel (schwarz, getrocknet)

Warnhinweise

Siehe Anmerkungen!

T

Durchführung

Den Inhalt eines Teebeutels (ca. 1 g) schüttet man in eine Abdampfschale, die auf ein Wärmeschutznetz über einem Dreifuß gestellt wird. Danach deckt man die Abdampfschale mit einer Glasscheibe ab, auf deren Mitte zur Kühlung mehrere Wassertropfen aufgebracht werden. Jetzt erhitzt man den Tee bei kleiner Flamme, bis sich an der Glasscheibe ein Niederschlag bildet. Nun wird das erwärmte Glas im Abstand von etwa einer Minute jeweils durch ein kaltes ersetzt. Dann stellt man den Brenner aus und betrachtet die Glasscheiben unter einer Lupe.

Beobachtung

An der/den Glasscheibe/n endeckt man winzige, weiße Kristallnädelchen.

Auswertung

Tee enthält zwischen 1,5 und 5,5 % Coffein (1,3,7-Trimethylxantin), das bei 180 °C sublimiert und in Form weißer Kristalle am kalten Glas erscheint.

9 Genußmittel

Anmerkungen

Früher bezeichnete man das im Tee enthaltene Hauptalkaloid als Thein. In Wirklichkeit handelt es sich dabei um Coffein, das im Tee lediglich chemisch anders gebunden ist. Auf die dargestellte Weise kann Coffein auch aus gemahlenem Kaffee gewonnen werden. Reincoffein wirkt ab 2 g giftig; die tödliche Dosis für den Menschen beträgt ca. 10 g. Coffein reichert sich im Organismus nicht an und wird von diesem schnell abgebaut.
Entsorgung von Alkaloiden: Inaktivierung durch Königswasser (1 Teil konz. Salpetersäure + 3 Teile konz. Salzsäure) und nach Verdünnung in Behälter für „Säuren, Laugen, Salze".

9.2 Chinin in Tonicwater

Geräte

2 Erlenmeyerkolben
(mit Teilung), 100 ml
UV-Laborlampe
Pappe, schwarz

Chemikalien

Tonicwater
Zitronenlimonade, klar

Warnhinweise

Nicht unmittelbar ins UV-Licht schauen!

Durchführung

2 Erlenmeyerkolben werden mit Tonicwater bzw. mit klarer Zitronenlimonade gefüllt. Nachdem der Raum gut verdunkelt worden ist, bringt man die beiden Kolben gegen einen schwarzen Hintergrund in den Lichtgang einer UV-Lampe.

Beobachtung

Das Tonicwater leuchtet auf und zwar bläulichweiß, die Zitronenlimonade dagegen nicht.

Auswertung

Im Tonicwater u. a. als Aromastoff enthaltenes Chinin führt zur Fluoreszenz (Vgl. Versuch 1.10).

Anmerkungen

Chinin wird aus der Rinde des Chinabaums gewonnen und zählt zu den Alkaloiden. Das weiße, kristalline Pulver hat einen bitteren Geschmack und besitzt fiebersenkende Wirkung (Einsatz bei Malaria). Für die Verwendung in Spirituosen, Erfrischungs- und weinhaltigen Getränken sind als Höchstmengen 300/85/100 mg Chinin je Liter zugelassen. Zum Nachweiß der Fluoreszenz (auch in anderen chininhaltigen Getränken) kann ebenfalls eine Lampe dienen, wie sie zum Erkennen fluoreszierender Schichten auf Briefmarken benutzt wird.

9.3 Wirkung von Ethanol auf Eiweiß

Geräte

2 Bechergläser, 100 ml
Glasstab
Trichter
Faltenfilter

Chemikalien

1 Eiklar
Ethanol, absolut
destilliertes Wasser

Warnhinweise

Ethanol ist leicht entzündlich! Alle Flammen löschen! **F**

Durchführung

Ein Eiklar wird auf zwei Bechergläser gleichmäßig verteilt. Dann füllt man jeweils bis zur doppelten Menge mit Ethanol bzw. destilliertem Wasser auf und rührt mit dem Glasstab gut durch.

Beobachtung

Im Becherglas, dem Ethanol zugesetzt wurde, gerinnt das Eiklar sogleich, im zweiten Becherglas erfolgt keine Veränderung.

9 Genußmittel

Auswertung

Durch die Zugabe von Ethanol (Ethylalkohol) erfolgt eine Gerinnung (Koagulation) von Eiweißen. Dies ist auf eine Strukturänderung und auf eine damit verbundene Änderung, z. B. im Löslichkeitsverhalten der Eiweißmoleküle, zurückzuführen.

Anmerkungen

Unter Denaturierung von Eiweißstoffen versteht man eine Vorstufe der Gerinnung, solange die auftretenden Ausfällungen eine gewisse Größe nicht überschreiten. Dieser Versuch ist gut dafür geeignet, die gesundheitsschädliche Wirkung des „Trinkalkohols" zu demonstrieren.
Entsorgung (nach Abfiltration) in Behälter für „mit Wasser mischbare brennbare Lösemittelabfälle".

9.4 Alkoholherstellung

Geräte	Chemikalien
Erlenmeyerkolben, 100 ml	Glucose
2 Bechergläser, 100 ml	Bäckerhefe
Meßzylinder, 50 ml	Glycerin
Löffel	Calciumhydroxidlösung
Glasstab	Siedesteinchen
Stopfen, durchbohrt	
Sicherheitsroht (Gärrohr)	
Faltenfilter	
Trichter	
Glasrohr, 75 cm	
Stativplatte	
Stativstange	
Stativring	
2 Doppelmuffen	
Wärmeschutznetz	
Universalklemme	

9 Genußmittel

Geräte	Chemikalien
Wärmeschutzplatte	
Brenner	
Holzspan	

Warnhinweise

Glycerin als Gleitmittel verwenden! Calciumhydroxidlösung (Kalkwasser) verursacht Verätzungen! Schutzbrille und Schutzhandschuhe tragen!

C

Durchführung

In einem Becherglas werden zwei Löffel Glucose in 50 ml Wasser durch Rühren gelöst. Ein etwa bohnengroßes Stück Hefe wird in einem zweiten Becherglas mit 10 ml Wasser innig vermengt. Dann gibt man den Inhalt beider Gläser in einen Erlenmeyerkolben, schwenkt noch einmal kurz um und verschließt ihn mit einem durchbohrten Stopfen, in dessen Bohrung ein mit Kalkwasser ausreichend gefülltes Gärrohr gesteckt ist. Danach ist die Apparatur an einem mäßig warmen Ort etwa eine Woche lang aufzubewahren.
Anschließend wird die Lösung filtriert, in den Erlenmeyerkolben zurückgegossen und dieser - nach Zugabe von Siedesteinchen - wieder mit dem durchbohrten Stopfen versehen, wobei jetzt allerdings das Gärrohr durch ein ca. 75 cm langes Glasrohr zu ersetzen ist. Nun bringt man die Flüssigkeit bei kleiner Flamme zum Sieden und entzündet die am Rohrende entweichenden Dämpfe mit einem brennenden Holzspan.

Beobachtung

Aus der Lösung entweicht ein Gas; das Kalkwasser trübt sich dadurch mit der Zeit. Die Hefe setzt sich am Boden des Gefäßes ab. Durch Destillation läßt sich eine brennbare Fraktion abtrennen.

Auswertung

Glucose wird durch Einwirkung der Hefepilze hauptsächlich zu Ethanol und Kohlenstoffdioxid (Trübung der Calciumhydroxidlösung) abgebaut. Dabei

9 Genußmittel

entstehen Alkoholkonzentrationen von höchstens 14 %, da dann ein Absterben der Hefezellen erfolgt. Das lange Glasrohr dient als einfacher „Rückflußkühler" (Sdp. von Ethanol: 78,2 °C).

Anmerkungen

Kalkablagerungen im Gärrohr können mit verdünnter Salzsäure entfernt werden.

9.5 Nachweiß von Kohlenstoffmon(o)oxid im Tabakrauch

Geräte	Chemikalien
Gasspritze, 100 ml	Zigarette
Gummischlauch, 5 cm	Palladium(II)-chloridlösung, 1%ig
Erlenmeyerkolben (mit Teilung), 100 ml	
Stopfen	
Uhrglas	
Rundfilter	
Schere	
Tropfpipette	
Pinzette	

Warnhinweise

T Kohlenstoffmon(o)oxid (Kohlenoxid) ist giftig beim Einatmen! Versuch (wegen des Zigarettenqualms!) unter dem Abzug vornehmen! Palladium(II)-chloridlösung ist giftig beim Verschlucken!

Durchführung

Eine brennende Zigarette wird durch einen Gummischlauch (Innendurchmesser 7 mm) mit einer Gasspritze verbunden. Nachdem man sie durch Zurückziehen des Kolbens gefüllt hat, gibt man den Inhalt in einen Erlen-

9 Genußmittel

meyerkolben und verschließt diesen mit einem Stopfen. Zwecks Erhöhung der Konzentration wird der gesamte Vorgang noch ein- bis zweimal wiederholt.
Nun tränkt man einen Streifen Filterpapier mit Palladium(II)-chloridlösung und bringt das Testpapier in den Zigarettenrauch.

Beobachtung

Das gelblich-weiße Filterpapier schwärzt sich.

Auswertung

Palladium(II)-chloridlösung wird durch Kohlenstoffmonoxid reduziert. Dabei entsteht elementares Palladium, das zur Schwärzung des Testpapiers führt. Mitunter kann sich bei dieser Nachweisreaktion Schwefelwasserstoff störend bemerkbar machen (ggf. mit verdünnter Natronlauge aufnehmen).

Anmerkungen

Auch mit alkalisch-ammoniakalischer Silbernitratlösung gelingt eine Identifizierung von Kohlenmonoxid (ebenfalls Schwärzung). Quantitative Nachweise können mit einem Gasspürgerät in Verbindung mit Teströhrchen (Meßbereich für CO: 0,5 bis 7 Vol.-%) vorgenommen werden. Der CO-Gehalt von Zigarettenrauch liegt je nach Sorte zwischen 3 und 4 %. Kohlenstoffmonoxid ist ein starkes Blutgift, das die Sauerstoffbindung an die roten Blutkörperchen blockiert.

10 Schadstoffe

10.1 Blei im Trinkwasser

Geräte

2 Bechergläser, 100 ml
Glasstab
3 Tropfpipetten
Präzisionswaage
Spatel
Meßpipette, 5 ml

Chemikalien

Universalindikatorpapier
Essigsäure, 30%ig
Kaliumchromat
destilliertes Wasser
Natronlauge, 10%ig

Warnhinweise

C
T
Essigsäure (Ethansäure) verursacht Verätzungen! Natronlauge verursacht schwere Verätzungen! Schutzbrille und Schutzhandschuhe tragen! Kaliumchromat und Bleichromat sind potentiell krebserregend! Beim Herstellen der Kaliumchromatlösung zusätzlich unter dem Abzug arbeiten! Schutzhandschuhe ggf. nach dem Experimentieren gründlich reinigen!

Durchführung

Leitungswasser wird nach längerem Verbleib im Rohrsystem (in der Schule z. B. nach dem Wochenende) entnommen und 1 cm hoch in ein Becherglas gefüllt. Nachdem man mit Essigsäure schwach angesäuert hat, fügt man 3 Tropfen 10%ige Kaliumchromatlösung (Vgl. Versuch 10.3) hinzu. Ein sich bildender Niederschlag wird mit verdünnter Natronlauge wieder aufgelöst.

Beobachtung

Enthält das Wasser Blei in Form von Ionen, so entsteht ein in Natronlauge löslicher gelblicher Niederschlag.

Auswertung

Kaliumchromat reagiert mit Bleiionen zu schwerlöslichem Bleichromat (Chromgelb). Bei Vorliegen von Bariumverbindungen kommt es zu einem ähnlichen Niederschlag, der jedoch gegenüber Natronlauge resistent ist, sich darin also nicht löst.

10 Schadstoffe

Anmerkungen

Viele Wohnhäuser in der BRD (nach Schätzung ca. zwei Millionen ohne die ehemalige DDR) sind noch mit Bleirohren ausgestattet. Durch ein zweiminütiges Laufenlassen können die Bleiwerte schon merklich herabgesetzt werden. Auf die Dauer gesehen hilft hier jedoch - in Anbetracht der damit verbundenen Wasserverschwendung - nur ein Austausch der Leitungssysteme. Blei führt, insbesondere bei (Klein-)Kindern, zu einer ganzen Reihe gesundheitlicher Beeinträchtigungen, so u. a. zu Störungen des Nervensystems, Appetitlosigkeit, Müdigkeit und Schädigung der Nieren. Chromatlösungen entweder mit Natrium(hydrogen)sulfit bei ph-Wert 2 reduzieren (etwa zwei Stunden) und in Behälter für „Säuren, Laugen, Salze" entsorgen oder getrennt sammeln.

10.2 Nachweis von Kupfer im Trinkwasser

Geräte

Erlenmeyerkolben
 (mit Teilung), 100 ml
Gummistopfen
3 Reagenzgläser
Reagenzglasständer
4 Tropfpipetten

Chemikalien

Universalindikatorpapier
Essigsäure, 10%ig
Kaliumhexacyanoferrat(II)
destilliertes Wasser
Ammoniaklösung, 10%ig

Warnhinweise

Ammoniaklösung und Essigsäure reizen Augen, Atmungsorgane und Haut! Schutzbrille und Schutzhandschuhe tragen!

Xi

Durchführung

Eine Wasserprobe wird nach längerem Stehen in der Leitung (beispielsweise morgens aus der Warmwasserleitung) entnommen. Damit füllt man zwei Reagenzgläser jeweils 2 cm hoch. Der Inhalt des ersten Glases wird eventuell mit einigen Tropfen Essigsäure leicht angesäuert. Nun tropft man

10 Schadstoffe

Kaliumhexacyanoferrat(II)-Lösung (1 Spatelspitze auf ein halbes Reagenzglas destilliertes Wasser) hinzu, bis ein Farbumschlag eintritt. Dem zweiten Reagenzglas wird tropfenweise Ammoniaklösung beigegeben, bis ein entstehender Niederschlag wieder verschwindet.

Beobachtung

Im ersten Fall bildet sich bei Anwesenheit von Kupferionen ein brauner bis rotbrauner, im zweiten Fall ein blaugrüner Niederschlag. Hier nimmt die Lösung schließlich eine tiefblaue Färbung an.

Auswertung

Kupfersalze reagieren mit Kaliumhexacyanoferrat(II) zu Kupferhexacyanoferrat(II), das im sauren Bereich ausfällt. Mit Ammoniaklösung bilden Kupferionen zunächst unlösliches Kupfer(II)-hydroxid, bei weiterer Zugabe von Ammoniakwasser lösliches Tetraaminkupfer(II)-hydroxid.

Anmerkungen

Bei ph-Werten unter 6 (Stichwort „Übersäuerung") kann Trinkwasser aus Kupferleitungen soviel gelöste Kupferteilchen enthalten, daß bei Kleinkindern bis zu einem Alter von zwölf Monaten akute Kupfervergiftungen möglich sind, wenn das Leitungswasser für die Zubereitung von Babynahrung benutzt wird. Leider sind in der BRD auch schon Fälle mit tödlichem Ausgang bekannt geworden. Eventuell Wasser vor Gebrauch längere Zeit laufen lassen. Klarheit schafft nur ein entsprechender Wassertest.
Entsorgung in den Behälter für „Säuren, Laugen, Salze".

10.3 Nachweis von Blei auf Salat

Geräte

Erlenmeyerkolben
  (mit Teilung), 250 ml (weit)
Spatel

Chemikalien

Freilandsalatblätter
destilliertes Wasser
Weinsäure

10 Schadstoffe

Geräte

Stopfen
Trichter
Rundfilter
Filtriergestell
Becherglas, 100 ml
Glasstab
3 Tropfpipetten
2 Meßpipetten, 5 ml
2 Reagenzgläser
Reagenzglasständer
Präzisionswaage

Chemikalien

Universalindikatorpapier
Essigsäure, 30%ig
Kaliumchromat
Natronlauge, 10%ig

Warnhinweise

Essigsäure (Ethansäure) verursacht Verätzungen! Natronlauge verursacht schwere Verätzungen! Schutzbrille und Schutzhandschuhe tragen! Kaliumchromat und Bleichromat sind potentiell krebserregend! Beim Herstellen der Kaliumchromatlösung zusätzlich unter dem Abzug arbeiten! Schutzhandschuhe ggf. nach dem Experimentieren gründlich reinigen!

C
T

Durchführung

In einem Erlenmeyerkolben gibt man drei äußere Salatblätter und zur Erhöhung der Löslichkeit der vermuteten Bleiverbindungen eine Spatelspitze Weinsäure. Dann wird mit destilliertem Wasser bis zur 50 ml-Markierung aufgefüllt und der Kolben mit einem Stopfen verschlossen. Nun schüttelt man den Erlenmeyerkolben kräftig ca. 5 Minuten lang und filtriert die entstandene Lösung in ein Becherglas. Diese wird sodann mit Hilfe von Essigsäure schwach angesäuert. Anschließend füllt man davon 2 ml in ein Reagenzglas und fügt einen Tropfen Kaliumchromatlösung (0,1 g auf 0,9 ml destilliertes Wasser) hinzu. Entsteht ein Niederschlag, so wird geprüft, ob dieser durch Zugabe von Natronlauge wieder aufgelöst werden kann.

10 Schadstoffe

Beobachtung

Bei Anwesenheit von Bleiionen bildet sich ein gelber Niederschlag, der in Essigsäure unlöslich, in Natronlauge löslich ist.

Auswertung

Vgl. Versuch 10.1!

Anmerkungen

Bleistäube auf Gemüse oder Obst können zum größten Teil durch gründliches Abwaschen entfernt werden; dabei darf man aber nicht das in den Pflanzen vorhandene, mit den Wurzeln aufgenommene Blei vergessen, das sich zudem im menschlichen Körper anreichert. Blei kann auch mit Salpetersäure und Kaliumiodid nachgewiesen werden (gelber Niederschlag von Bleiiodid [PbI_2]).
Zur Entsorgung vgl. Anmerkungen zu Versuch 10.1.

10.4 Eisen in Dosenbohnen

Geräte

2 Bechergläser, 100 ml
Trichter
Rundfilter
Filtriergestell
Reagenzglas
Reagenzglasständer
2 Tropfpipetten
Präzisionswaage
Spatel
Meßpipette, 5 ml
Glasstab
Stopfen

Chemikalien

Konservenbrühe, z. B. von Dosenbohnen
Salpetersäure, konz.
Kaliumthiocyanat
destilliertes Wasser
n-Pentanol

10 Schadstoffe

Warnhinweise

Salpetersäure verursacht schwere Verätzungen! Dämpfe nicht einatmen! Schutzbrille und Schutzhandschuhe tragen! Kaliumthiocyanat (Kaliumrhodanid) ist gesundheitsschädlich beim Einatmen, Verschlucken sowie bei der Berührung mit der Haut und entwickelt bei Kontakt mit Säure giftige Gase! n-Pentanol (Amylalkohol) ist entzündlich und gesundheitsschädlich beim Einatmen!

Durchführung

Nachdem man die Konservenbrühe filtriert hat, um störende Schwebstoffe zu entfernen, gibt man vom Filtrat 2 cm hoch in ein Reagenzglas. Nun werden drei Tropfen konzentrierte Salpetersäure hinzugefügt und die angesäuerte Lösung kurz aufgekocht. Dann setzt man aus 0,1 g Kaliumthiocyanat sowie 0,9 ml destilliertem Wasser eine 10%ige Kaliumthiocyanatlösung an und tropft davon 7 - 8mal ins Reagenzglas. Anschließend wird mit 5 ml n-Pentanol ausgeschüttelt (Stopfen!) und das Reagenzglas in den Reagenzglasständer zurückgestellt.

Beobachtung

Falls Eisen gelöst ist, erscheint nach Entmischung die alkoholische Schicht rötlich gefärbt.

Auswertung

Durch Salpetersäure werden Eisen(II)-Ionen zu Eisen(III)-Ionen oxidiert. Diese bilden mit Kaliumthiocyanat einen blutrot gefärbten Komplex, nämlich Eisenthiocyanat (Fe(SCN)$_3$). Durch Überführung aus der wäßrigen in die organische Phase erhöht sich die Empfindlichkeit der Reaktion (bis zu drei Mikrogramm in 5 ml Lösung) bzw. werden u. U. störende Eigenfärbungen der Konservenflüssigkeit ausgeschaltet.

Anmerkungen

Konservendosen werden meist aus Weißblech (feuerverzinntes oder galvanisch verzinntes Eisenblech) hergestellt. Liegen Eisenionen vor, so

10 Schadstoffe

besteht der Verdacht, daß auch Zinn in Lösung gegangen ist. Um letzteres zu verhindern, werden Konservendosen heutzutage oft schon mit einer Innenlackschicht versehen, die aber infolge äußerer Einflüsse (Verbeulen, Knicke) beschädigt sein kann. Daher sollte man vom Kauf solcher Dosen absehen. Zu erwähnen ist in diesem Zusammenhang die mitunter gräuliche Verfärbung von Kaffee durch Kondensmilch infolge der Reaktion von aus den Poren in der Zinnschicht stammendem Eisen und Chlorogensäure (= Reizstoff im Kaffee).
Entsorgung in den Behälter für „Säuren, Laugen, Salze" bzw. „mit Wasser nicht mischbare brennbare Lösemittelabfälle".

10.5 Nachweis von Phenolen auf Räucherschinken

Geräte

Messer
Erlenmeyerkolben
 (mit Teilung), 100 ml
Stopfen
Trichter
2 Rundfilter
2 Bechergläser, 100 ml
3 Reagenzgläser
Reagenzglasständer
Spatel
Präzisionswaage
Meßpipette, 5 ml
Tropfpipette

Chemikalien

Schwarte vom Räucherschinken, 10 g
destilliertes Wasser
Eisen(III)-chloridlösung, 5%ig

Xn
Xi

Warnhinweise

Eisen(III)-chlorid ist gesundheitsschädlich beim Verschlucken und reizt Augen sowie Haut! Schutzbrille tragen!

10 Schadstoffe

Durchführung

Die Schwarte eines Räucherschinkens wird mit dem Messer zerkleinert und in einen Erlenmeyerkolben gegeben. Daraufhin gießt man soviel destilliertes Wasser hinzu, daß die Schinkenstückchen bedeckt sind, verschließt den Kolben mit einem Stopfen und schüttelt ihn ca. 2 Minuten lang. Anschließend wird zweimal filtriert, damit eine klare Lösung entsteht, mit der man dann ein Reagenzglas 2 cm hoch füllt. Nun werden 5 Tropfen Eisen(III)-chloridlösung hinzugefügt. Mit destilliertem Wasser wird ein Vergleichstest vorgenommen.

Beobachtung

Bei Vorliegen von Phenolen verfärbt sich die Testlösung (s. Auswertung!), die Vergleichslösung erfährt keine Farbveränderung.

Auswertung

Phenole bilden mit Eisen(III)-chlorid je nach Konzentration und Art der Phenole unterschiedliche Farbkomplexe. Man beobachtet violette, mitunter aber auch grünliche bis bräunlich-gelbe Farbnuancen.

Anmerkungen

Im Handel werden spezielle, jedoch nicht ganz preiswerte Phenolreagenzien angeboten, bei denen ebenfalls - in Abhängigkeit der vorhandenen Phenolderivate - Farbschwankungen auftreten können. Neben den Phenolen entstehen beim Räuchern polycyclische aromatische Kohlenwasserstoffe (PAK), die in gleicher Weise auf das Räuchergut übergehen und, wie beispielsweise das Benzo(a)pyren, ein noch weit höheres gesundheitliches Risiko darstellen. Entsorgung in den Behälter für „Säuren, Laugen, Salze".

10 Schadstoffe

10.6 Oxalsäure im Rhabarber („natürliche Gifte")

Geräte

2 Bechergläser, 250 ml
Messer
Dreifuß
Wärmeschutznetz
Wärmeschutzplatte
Brenner
Glasstab
Leinentuch
Trichter
Faltenfilter
Filtriergestell
2 Tropfpipetten
Spatel
Präzisionswaage
Meßzylinder, 50 ml

Chemikalien

Rhabarber(stiel)
Essigsäure, 30%ig
Universalindikatorpapier
Calciumacetat
Salzsäure, 10%ig

Warnhinweise

C
Xi
Xn

Essigsäure (Ethansäure) verursacht Verätzungen! Schutzbrille und Schutzhandschuhe tragen! Salzsäure reizt Augen und Atmungsorgane! Oxalsäure und ihre Salze sind gesundheitsschädlich bei Berührung mit der Haut und beim Verschlucken!

Durchführung

50 g Rhabarber werden mit dem Messer fein zerkleinert und mit 100 ml Wasser 20 Minuten lang unter gelegentlichem Umrühren bei kleiner Flamme gekocht. Sodann filtriert man möglicht heiß durch ein Leinentuch (ausquetschen!), anschließend durch einen Faltenfilter und stellt das Filtrat mit Essigsäure auf einen pH-Wert von 3 - 4 ein. Danach werden 50 ml 10%ige Calciumacetatlösung zugesetzt, es fällt Calciumoxalat (weiß) aus. Einen Tag lang absetzen lassen und Flüssigkeit vorsichtig abdekantieren.

10 Schadstoffe

Unter Erwärmen durch tropfenweises Zugeben von Salzsäure löst man den zurückgebliebenen Niederschlag auf und läßt abkühlen.

Beobachtung

Es bilden sich mit der Zeit - in Abhängigkeit vom Sättigungsgrad - farblose Kristalle (Prismen).

Auswertung

Rhabarber enthält Oxalsäure in Form ihres saueren Kaliumsalzes (Kleesalz). Mit Calciumacetat entsteht daraus das schwerlösliche Calciumoxalat, aus dem die Oxalsäure durch Chlorwasserstoff oder Schwefelsäure freigesetzt wird.

Anmerkungen

1 kg Rhabarber weist einen Oxalsäureanteil von ca. 4,6 g auf. Diese stört zum einen im menschlichen Organismus die Calciumaufnahme, zum anderen begünstigt sie u. U. die Harnsteinbildung. Rhabarberblätter enthalten Oxalsäure in sehr viel höherer Konzentration als die Stiele. Bei Genuß (z. B. als Rohkost) kommt es sogar zu Vergiftungserscheinungen. Weitere „natürliche Gifte" finden sich in Muskatnuß, Waldmeister, bitteren Mandeln, rohen Bohnen oder grün gewordenen Kartoffeln.
Entsorgung in den Behälter für „Säuren, Laugen, Salze".

10.7 Radioaktivität in Paranüssen

Geräte

Auslösezählrohr für α-, β-, γ-Strahlung
Zählrohrkabel
Geiger-Müller-Zählgerät
Stoppuhr

Chemikalien

Paranußasche, in Kunststoffdose[*]

[*] zu beziehen im Lehrmittelhandel (evtl. selbst herstellen [Vgl. Versuch 5.1])

10 Schadstoffe

Warnhinweise:

Sicherheitshinweise zum Umgang mit Zählrohr beachten, insbesondere Kontamination (Verunreinigung) durch Ascheteilchen vermeiden!

Durchführung

Zunächst wird der Nulleffekt, d. h. die Umgebungsstrahlung über einen Zeitraum von fünf Minuten bestimmt (Vgl. Versuch 8.2). Danach öffnet man die Kunststoffdose mit der Paranußasche und nähert das Zählrohr der Untersuchungssubstanz bis auf wenige Millimeter (dabei Zählrohr ggf. mit Universalklemme und Doppelmuffe an Stativ befestigen). Wiederum beträgt die Meßdauer fünf Minuten. Durch Dividieren (Impulszahl : 300) erhält man die Aktivität in Becquerel.

Beobachtung

Die Impulszahl liegt bei Paranußasche etwa um 40 % über dem Nulleffekt. Die zugehörige Aktivität entspricht ungefähr 1 Bq (Becquerel).

Auswertung

Paranüsse weisen bis zu 1000mal mehr Radium, als andere Früchte auf. Da dieses Element chemisch ähnlich reagiert wie das vom Paranußbaum von Natur aus verstärkt aufgenommene Barium, erklärt sich von daher der hohe Anteil des Radiums und seiner Folgeprodukte. Eine Entsprechung findet man bei der Einlagerung von Strontium-89/90 anstelle von Calcium im menschlichen Skelett.

Anmerkungen

Paranüsse zählen wegen ihres möglichen hohen Gehalts an Aflatoxinen (Schimmelpilzgiften) ohnehin zu den „Problemnüssen", so daß man bereits aus diesem Grunde den Verzehr einschränken sollte. Das Aflatoxin B1 gehört bekannterweise zu den stärksten carcinogenen (geschwulstbildenden) Stoffen.

Formeln und Gleichungen

Zur Vertiefung der Versuchsbeschreibungen sind im folgenden zu einzelnen Experimenten, sofern sinnvoll, die Reaktionsabläufe in Wort- und Symbolgleichungen vereinfacht dargestellt mit dem Hinweis, daß Formeln und Gleichungen stets nur „Momentaufnahmen" chemischen Geschehens ausmachen.

1.12 Ölsäure + Kaliumpermanganat + Schwefelsäure $\longrightarrow$ Nonansäure + Nonandisäure + Mangansulfat + Kaliumsulfat + Wasser

$5C_{17}H_{33}COOH + 8KMnO_4 + 12H_2SO_4 \longrightarrow 5C_8H_{17}COOH +$
$+ 5C_7H_{14}(COOH)_2 + 8MnSO_4 + 4K_2SO_4 + 12H_2O$

1.15 Palmitinsäureglycerinester (z. B.) + Natronlauge $\longrightarrow$ Glycerin + + Natriumpalmitat

$(C_{15}H_{31}CO)_3C_3H_5O_3 + 3Na(OH) \longrightarrow C_3H_5(OH)_3 +$
$+ 3C_{15}H_{31}COONa$

2.1 Saccharose + Wasser $\longrightarrow$ Glucose + Fructose

$C_{12}H_{22}O_{11} + H_2O \longrightarrow C_6H_{12}O_6 + C_6H_{12}O_6$

2.4 Kupfer(II)-sulfat + Glucose + Natriumhydroxid $\longrightarrow$
Kupfer(I)-oxid + Gluconsäure + Wasser + Natriumsulfat

$2CuSO_4 + C_6H_{12}O_6 + 4NaOH \longrightarrow Cu_2O + C_6H_{12}O_7 + 2H_2O +$
$+ 2Na_2SO_4$

2.7 Silbernitrat + Glucose + Ammoniumhydroxid $\longrightarrow$ Silber + + Gluconsäure + Ammoniumnitrat + Wasser

$2AgNO_3 + C_6H_{12}O_6 + 2NH_4OH \longrightarrow 2Ag + C_6H_{12}O_7 +$
$+ 2NH_4NO_3 + H_2O$

2.11 Stärke $\longrightarrow$ Dextrine

Formeln und Gleichungen

$$(C_6H_{10}O_5)_n \longrightarrow (C_6H_{10}O_5)_m, \text{ wobei } 200 < n < 2000$$
$$\text{und } 20 < m < 200$$

2.13 Stärke + Wasser $\longrightarrow$ Glucose

$$(C_6H_{10}O_5)_n + nH_2O \longrightarrow nC_6H_{12}O_6$$

3.1 Kupfer(II)-sulfat + Natronlauge + „Dipeptid" (z. B.) $\longrightarrow$ Kupfer(II)-Eiweißkomplex + Natriumsulfat + Wasser

$$CuSO_4 + 4NaOH + 4H_2N\text{-}CH_2\text{-}CO\text{-}NH\text{-}CH_2\text{-}COOH \longrightarrow$$
$$CuNa_2[NH_2\text{-}CH_2\text{-}CO\text{-}N\text{-}CH_2\text{-}COOH]_4 + Na_2SO_4 + 4H_2O$$

3.6 Cobaltchlorid + Wasser $\longrightarrow$ Cobaltchloridhexahydrat

$$CoCl_2 + 6H_2O \longrightarrow CoCl_2 \cdot 6H_2O$$

Blei(II)-acetat + Schwefelwasserstoff $\longrightarrow$ Bleisulfid + Essigsäure

$$Pb(CH_3COO)_2 + H_2S \longrightarrow PbS + 2H_3C\text{-}COOH$$

4.3 Natriumhydrogencarbonat + Weinsäure + Wasser $\longrightarrow$ Kohlenstoffdioxid + Natriumhydrogentartrat + Wasser

$$NaHCO_3 + HOOC(CHOH)_2COOH + H_2O \longrightarrow$$
$$CO_2 + NaOOC(CHOH)_2COOH + 2H_2O$$

5.1 Eisen(III)-chlorid (z. B.) + Kaliumhexacyanoferrat(II) $\longrightarrow$ Berliner Blau und Kaliumchlorid

$$FeCl_3 + K_4[Fe(CN)_6] \longrightarrow KFe[Fe(CN)_6] + 3KCl$$

Eisen(II)-chlorid (z. B.) + Kaliumhexacyanoferrat(III) $\longrightarrow$ Turnbulls Blau + Kaliumchlorid

$FeCl_2 + K_3[Fe(CN)_6] \longrightarrow KFe[Fe(CN)_6] + 2KCl$

5.4 Calciumchlorid (z. B.) + Ammoniumoxalat $\longrightarrow$ Calciumoxalat + Ammoniumchlorid

$CaCl_2 + (NH_4)_2(COO)_2 \longrightarrow Ca(COO)_2 + 2NH_4Cl$

5.5 Natriumhydrogencarbonat + Kaliumhydrogentartrat + Wasser $\longrightarrow$ Kohlenstoffdioxid + Kaliumnatriumtartrat + Wasser

$NaHCO_3 + KH(CHOH \cdot COO)_2 + H_2O \longrightarrow CO_2 +$
$+ KNa(CHOH \cdot COO)_2 + 2H_2O$

5.6 Kaliumdihydrogenphosphat + Ammoniummolybdat + Salpetersäure $\longrightarrow$ Ammoniummolybdatophosphat + Kaliumnitrat + Ammoniumnitrat + Wasser

$7KH_2PO_4 + 12(NH_4)_6Mo_7O_{24} + 58HNO_3 \longrightarrow$
$7(NH_4)_3[P(Mo_3O_{10})_4] + 7KNO_3 + 51NH_4NO_3 + 36H_2O$

6.1 Stärke + Wasser $\longrightarrow$ Maltose

$2(C_6H_{10}O_5) + nH_2O \longrightarrow nC_{12}H_{22}O$

6.4 Wasserstoffperoxid $\longrightarrow$ Wasser + Sauerstoff

$2H_2O_2 \longrightarrow 2H_2O + O_2$

7.1 Kaliumiodat + Schwefeldioxid + Wasser $\longrightarrow$ Schwefelsäure + Iod + Kaliumsulfit + Wasser

$2KIO_3 + 6SO_2 + 8H_2O \longrightarrow 5H_2SO_4 + I_2 + K_2SO_3 + 3H_2O$

7.2 Vgl. 7.1

Formeln und Gleichungen

7.7 Vgl. 5.6

7.8 Kaliumsulfat (z.B.) + Bariumchlorid ⟶
Bariumsulfat + Kaliumchlorid

$K_2SO_4 + BaCl_2 \longrightarrow BaSO_4 + 2KCl$

8.4 Natriumchlorid (z.B.) + Silbernitrat ⟶
Silberchlorid + Natriumnitrat

$NaCl + AgNo_3 \longrightarrow AgCl + NaNO_3$

Silberchlorid + Ammoniakwasser ⟶
Silberdiaminchlorid + Wasser

$AgCl + 2NH_4OH \longrightarrow Ag[NH_3]_2Cl + 2H_2O$

9.4 Glucose ⟶ Kohlenstoffdioxid + Ethanol

$C_6H_{12}O_6 \longrightarrow 2CO_2 + 2C_2H_5OH$

9.5 Palladium(II)-chlorid + Kohlenstoffmon(o)oxid + Wasser ⟶
Palladium + Kohlenstoffdioxid + Salzsäure(gas)

$PdCl_2 + CO + H_2O \longrightarrow Pd + CO_2 + 2HCl$

10.1 Blei(II)-chlorid (z.B.) + Kaliumchromat ⟶
Bleichromat + Kaliumchlorid

$PbCl_2 + K_2CrO_4 \longrightarrow PbCrO_4 + 2HCl$

10.2 Kupfer(II)-chlorid (z.B.) + Kaliumhexycyanoferrat(II) ⟶
Kupferhexacyanoferrat(II) + Kaliumchlorid

$2CuCl_2 + K_4[Fe(CN)_6] \longrightarrow Cu_2[Fe(CN)_6] + 4KCl$

Kupfer(II)-chlorid + Ammoniumhydroxid ⟶
Kupfer(II)-hydroxid + Ammoniumchlorid

$CuCl_2 + 2NH_4OH \longrightarrow Cu(OH)_2 + 2NH_4Cl$

10.3 Vgl. 10.1

10.4 Eisen(III)-nitrat (z. B.) + Kaliumthiocyanat ⟶
Eisenthiocyanat + Kaliumnitrat

$Fe(NO_3)_3 + 3KSCN \longrightarrow Fe(SCN)_3 + 3KNO_3$

10.6 Kaliumtrihydrogenbioxalat + Calciumacetat ⟶
Calciumoxalat + Kaliumacetat + Essigsäure

$KH_3[(COO)_2]_2 + 2Ca(CH_3COO)_2 \longrightarrow$
$2Ca(COO)_2 + CH_3COOK + 3CH_3COOH$

Calciumoxalat + Salzsäure ⟶ Oxalsäure + Calciumchlorid

$Ca(COO)_2 + 2HCl \longrightarrow HOOC\text{-}COOH + CaCl_2$

Medien (Auswahl)

Der Kaffee. Vom Kaffeebaum in die Tasse (Informationsbroschüre). Nestlé Erzeugnisse GmbH, Abt. Presse und Öffentlichkeit, Frankfurt/M. 71 (Postfach 710707)

Der Zucker (Informationsbroschüre), CMA mbH, Bonn 2 (Koblenzer Straße 148)

Fett in der Ernährung, FWU 102339 (16 Dias)

Fett in der Ernährung (Folienmappe mit 32 Transparenten sowie Begleitheft und 7 Kopiervorlagen), Margarine-Institut, Hamburg 50 (Friesenweg 1)

Fitness mit Milch und Milchprodukten, FWU 4245296 (18 min. Video)

Gesunde Ernährung unter besonderer Berücksichtigung der Fette (Schülerarbeitsheft), Margarine-Institut, Hamburg 50 (Friesenweg 1)

Klein-Käserei (mit Originalwerkzeugen zum Käse selber herstellen), Kommerz Verlag, Konstanz

Lebensmittel - Was ist Qualität?, FWU 4246244 (20 min. Video)

Ölpflanzen - Pflanzenöle - Margarine (Informationsbroschüre), Margarine-Institut, Hamburg 50 (Friesenweg 1)

Pflanzenöle und Margarine. FWU 320771 (15 min. Film, 16 mm)

Projektwoche Milch (Erfahrungsbericht von G. Becker). LV Milch NRW e. V., Düsseldorf 30 (An der Piwipp 68)

Proteine aus Milch und Milchprodukten (14 Transparente, Lehrerbegleitheft, 7 kopierfähige Arbeitsbögen), LV Milch NRW e. V., Düsseldorf 30 (An der Piwipp 68)

Medien (Auswahl)

Schadstoffe in der Nahrung (Faltblatt), AID e. V., Bonn 2 (Postfach 200153)

Thema: Vom Rohstoff zum Verbraucher. Ölpflanzen - Pflanzenöle - Margarine (Folienmappe mit 14 Transparenten sowie Begleittexten und 6 Kopiervorlagen), Margarine-Institut, Hamburg 50 (Friesenweg 1)

Vitamine und Mineralstoffe sind lebensnotwendig (Informationsheft), AID e. V., Bonn 2 (Postfach 200153)

Vitamine - Wirkstoffe des Lebens, FWU 1244152 (20 Folien, einschließlich Lehrerinformation und Unterrichtsbeispielen)

Zucker. Die Geschichte und die wirtschaftliche Entwicklung eines Grundnahrungsmittels (15 Transparente mit Lehrerbegleitheft, 6 Arbeitsblätter), CMA mbH, Bonn 2 (Koblenzer Straße 148)

Zucker, Sirupe, Honig, Zuckeraustauschstoffe, Süßstoffe (Informationsheft), AID e. V., Bonn 2 (Postfach 200153)

Zusatzstoffe in Lebensmitteln (Informationsheft), BLL e. V., Bonn 2 (Godesberger Allee 157)

Literatur

Autorenkollektiv	Lehrbuch der Chemie für Fachhochschulen, 5. Auflage 1988 (Harri Deutsch Verlag, Thun-Frankfurt/M.)
Bendel, Elisabeth	Chemie - eine ganz alltägliche Sache. Experimentieren - beobachten - beurteilen, 1. Auflage 1987 (Franckh'sche Verlagshandlung, Stuttgart)
Beyer, Hans/ Walter, Wolfgang	Lehrbuch der organischen Chemie, 21. Auflage 1988 (Hirzel Verlag, Stuttgart)
Bukatsch, Franz	Nahrungsmittelchemie für Jedermann, 2. Auflage 1963 (Franckh'sche Verlagshandlung, Stuttgart)
Christen, Hans Rudolf	Chemie - auf dem Weg in die Zukunft, 1. Auflage 1988 (Diesterweg Verlag, Frankfurt/M. - Verlag Sauerländer, Aarau)
Christen-Marchal, Walter u. a.	Mettler Schulversuche, 1. Auflage 1986 (Mettler Instrumente AG, Greifensee/CH)
Classen, Hans-Georg u. a.	Toxikologisch-hygienische Beurteilung von Lebensmittelinhaltsstoffen und -zusatzstoffen sowie bedenklicher Verunreinigungen, 1. Auflage 1987 (Verlag Parey, Berlin und Hamburg)
Cuny, Karl-Heinz/ Weber, Walter	Chemie. Welt der Stoffe, 1. Auflage 1975 (Schroedel Schulbuchverlag, Hannover)
Dehn, Eitel	Praktische Chemie der Lebensmittel, 1. Auflage 1964 (Quelle und Meyer, Heidelberg)
Felber, Wolfram/ Räthe, Claus	Laborpraxis für Chemieberufe, 1. Auflage 1988 (Harri Deutsch Verlag, Thun)
Häusler, Karl	Chemische Grundversuche für Lehrer in der Hauptschule, 1. Auflage 1985 (Prögel, München)
Holtmeier, Hans-Jürgen	Überlebensernährung, 1. Auflage 1986 (Nymphenburger Verlagshandlung, München)
Kapfelsperger, Eva/ Pollmer, Udo	Iß und stirb. Chemie in unserer Nahrung, 2. Auflage 1983 (Kiepenheuer und Witsch, Köln)

Literatur

Katalyse e. V.	Chemie in Lebensmitteln, 42. Auflage 1987 (Verlag Zweitausendeins, Frankfurt/M.)
Kielwein, Gerhard	Leitfaden der Milchkunde und Milchhygiene, 2. Auflage 1985 (Verlag Parey, Berlin und Hamburg)
Kosmos - Experimentierbuch	Test 2000 (Ökologie). Chemische Analysen in Natur und Umwelt, 2. Auflage 1988 (Franckh'sche Verlagshandlung, Stuttgart)
Lindenblatt, Felix	Loseblattsammlung „Chemie Experimentell", Schülerversuche 5. - 9. Schuljahr, 3. Auflage 1971 (PHYWE Verlag, Göttingen) mit Begleitbuch, 2. Auflage 1970
Maronne, Frank K.	Leitfaden zur einfachen qualitativen chemischen Analyse organischer Stoffe, 1. Auflage 1988 (Aulis Verlag, Köln)
Pilhofer, Werner	Biochemische Grundversuche, 4. Auflage 1984 (Aulis Verlag, Köln)
Reiss, Jürgen	Alltagschemie im Unterricht, 2. Auflage 1986 (Aulis Verlag, Köln)
Röhmer, Frank	Biochemie - ein Fahrplan für Ihren Unterricht, 1. Auflage 1983 (Maey Varlag, Bonn)
Röhmer, Frank	Biochemie. Themenhefte 1 - 3, ohne Jahrgang (Maey Verlag, Bonn)
Röhmer, Frank	Unfallschutz und Unfallverhütung im Chemieunterricht, 5. Auflage 1990 (Leybold Didactic, Hürth)
Römpp, Hermann	Organische Chemie im Probierglas, 15. Auflage 1982 (Franckh'sche Verlagshandlung, Stuttgart)
Römpp, Herrmann/ Raaf, Hermann	Chemie des Alltags, 26. Auflage 1985 (Franckh'sche Verlagshandlung, Stuttgart)

Literatur

Rosenkranz, Bernhard	Der Umwelttester. Schadstoffe im Alltag, 1. Auflage 1986 (Rowohlt Verlag, Reinbek b. Hamburg)
Schwedt, Georg	Chemie und Analytik der Lebensmittelzusatzstoffe, 1. Auflage 1986 (Thieme Verlag, Stuttgart)
Schwedt, Georg	Farbstoffen auf der Spur. Mit 40 chromatographischen Versuchen, 1. Auflage 1986, (Franckh'sche Verlagshandlung, Stuttgart)
Strohecker, R.	Methoden der Lebensmittelchemie, 3. Auflage 1949 (De Gruyter Verlag, Berlin)
Volkmer, Martin	Radioaktivität im Schülerversuch. Schüler- und Praktikumsversuche, 2. Auflage 1982 (Leybold - Heraeus, Köln)
Volkmer, Martin	Radioaktivität im Schülerversuch: Demonstrations- und Praktikumsversuche, 2. Auflage 1982 (Leybold - Heraeus, Köln)
Vollmer, Günter/ Franz, Manfred	Chemische Produkte im Alltag, 1. Auflage 1985 (Deutscher Taschenbuch Verlag, München)

Sachregister

Die im Sachregister genannten Stichworte beziehen sich auf die Versuchsbeschreibungen (nicht auf das Basiswissen). Chemikalien werden nur aufgeführt, sofern sie nicht schon im Chemikalienverzeichnis erscheinen.

Acrolein(probe)	V1.7
Aflatoxine	V10.7
Alkaloide	V9.1, V9.2
α-Aktivität	V8.2
Ammoniummolybdatophosphat	V5.6
Amylopektin	V2.12
Antimon(III)-chlorid	V4.6
arbeitsteiliges Vorgehen	V6.4, V7.2, V8.1
Arterienverkalkung	V1.8
Baeyers' Reagenz	V1.12
Benzo(a)pyren	V10.5
Benzol (Benzen)	V1.2
Beri-Beri	V4.4
Berliner Blau	V5.1
β-Carotin	V4.2
Biuret	V3.1
Bleirohre	V10.1
Blutcholesterinspiegel	V1.8
Chinolingelb	V7.4
Chlorierung	V8.4
Chlorogensäure	V10.4
Chromatographie	V7.4, V7.5
Chromgelb	V10.1
Colecalciferol (= Vitamin D3)	V4.6
Denaturierung von Eiweißstoffen	V9.3
Dextrine	V2.11
Diabetes mellitus	V2.5
Dichlormethan	V4.6

Sachregister

Dicksaft	V2.3
Doppelbindung	V1.12
Dünnsaft	V2.3
EG-Richtlinie	V8.3
Erythrosin	V7.5
essentielle Fettsäuren	V1.12
etherische Öle	V1.4
fächerübergreifend(es Arbeiten)	V6.3
Fettfleckmethode	V1.1, V1.4
Fetthärtung	V1.3
Flammprobe	V5.2, V5.3
Fuchsin(lösung)	V1.7
Futtereiweiß	V3.8
Galactose	V2.15
Gasspürgerät	V9.5
Gelborange S	V7.4
Geschmacksproben	V1.11, V4.3
Gluconsäure	V2.4, V2.5, V2.7
Glykogen	V2.13
Hefepilze	V6.3, V9.4
H-Milch	V3.4
Holzverzuckerung	V2.14
Hydrolyse	V2.9
Hydrophobie	V1.2
Hyperaktivität	V7.7
Hypertonie (= Bluthochdruck)	V5.3
Importhonig	V2.6
Impulszahl	V8.2, V10.7
Invertzucker	V2.1

Sachregister

Käsestoff	V3.4
Kaliumpermanganatlösung (schwefelsauer)	V1.12
Karies	V2.6
Kernseifen	V1.15
Kochsalzlösung (physiologisch)	V3.1
Kohlensäure	V4.3
Kohlenstoffnachweis (direkt)	V2.2
Königswasser	V9.1
Lactase	V2.15
Lactose-Intoleranz	V2.15
Linolsäure	V1.12
Lösemittel	V1.2, V1.6
Magnesiumsulfat (= Bittersalz)	V3.9
Malzzucker	V6.1
Melange	V1.10
Milchmolke	V2.15, V3.4
Milchzucker	V2.15, V3.4
Mineralfarben	V7.5
Mineralöle	V1.1, V1.4, V1.15
Natriumbenzoat	V7.6
Natriumsalz des Saccharins	V7.8
n-Hexan	V1.6
Ninhydrinreagenz	V3.3
Nulleffekt	V8.2
Öl-in-Wasser-Emulsion	V7.3
PAK	V10.5
Patentblau	V7.4
Pepsinpräparate	V6.2
Phenylalanin	V3.2, V7.9
Phenylketonurie	V3.2

Sachregister

Phosphoreszenz	V1.10
Photolyse	V4.6
Presskuchen	V1.6
Provitamin D3 (= 7-Dehydrocholesterin)	V4.6
Pyrophosphate	V7.7
Pyrrolrotreaktion	V4.6
(halb)quantitativ	V4.1, V7.1
Rachitis-Prophylaxe	V4.6
Radium	V10.7
Radon	V8.2
Reaktion (photochemisch)	V8.4
Resorcin(ol)	V2.9
Riboflavin (= Vitamin B2)	V4.5
Rohsaft	V2.3
Sauerteig	V6.3
Schleimsäure (− Galactozuckersäure)	V2.15
Schmierseifen	V1.15
Schwefeldioxid	V1.7, V7.1, V7.2
Seignettesalz (= Kaliumnatriumtartrat)	V2.4
Sojabohneneiweiß	V3.9
Stabilisatoren	V7.3
Stärkesirup	V2.13
Stärkezucker	V2.13
Stärkezusatz in der Margarine	V1.9
Stoffwechsel	V6.4
Süßstoff	V7.8, V7.9
Sulfit-Teststäbchen	V7.1
Teiglockerung	V5.5, V 6.3
Tetrachlorkohlenstoff	V1.2
Thein	V9.1
Thiamin (= Vitamin B1)	V4.4

Sachregister

Thiochrom	V4.4
Titandioxid	V7.5
Tofu	V3.9
Tollens Reagenz	V2.7
Trinkwasserverordnung	V8.3
Trübpunkt	V1.13
Turnbulls Blau	V5.1
Übersäuerung	V10.2
Umesterung	V1.3
Verseifungszahl	V1.15
vitaminiert	V1.11
Vitaminverluste	V4.5
Wasser-in-Öl-Emulsion	V1.11
Weißblech	V10.4
Wollfadenmethode	V7.5
Xantophylle	V7.5
Zak (Nachweismethode nach)	V1.8
Zigarettenrauch	V9.5
Zuckersirup	V2.3

Klausur- und Abiturtraining

Physik
Chemie
Biologie
Mathematik

Klausuren und Abitur gezielt vorbereiten!

„Klausur- und Abiturtraining ist eine Buchreihe zur gezielten Vorbereitung auf Klausuren und auf das Abitur. Der Schüler erhält damit ideale **Arbeits- und Trainingsbücher.** Anhand zahlreicher Musteraufgaben wird er über viele Denkanstöße und Hilfestellungen zu ihrer Lösung geführt, um anschließend weitere Aufgaben selbständig lösen zu können.
Der Lehrer kann den Bänden zum einen **erprobte Übungsaufgaben** für seinen Unterricht entnehmen, zum anderen unterstützen sie ihn in seinen Anliegen, die Schüler optimal auf Klausuren und das Abitur vorzubereiten.
Überzeugen Sie sich selbst von der gelungenen Konzeption dieser Reihe. **Es lohnt sich!**

Klausur- und Abiturtraining Physik

Band 1: Kinematik, Dynamik, Kreisbewegung/Gravitation, Schwingungen/Wellen, Best.-Nr. 335-01082
Band 2: Elektrizitätslehre, Optik, Atomphysik, Relativitätstheorie, Best.-Nr. 335-01083

Klausur- und Abiturtraining Mathematik

Band 1: Grundkurs Analysis — Funktionsuntersuchungen, Best.-Nr. 335-01084

Band 2: Grundkurs Analysis — Extremwertaufgaben Best.-Nr. 335-01207
Band 3: Grundkurs Analysis — Integralrechnung Best.-Nr. 335-01211
Band 4: Grundkurse Lineare Algebra/Analytische Geometrie, Teil I: Lineare Algebra, Best.-Nr. 335-01353
Band 5: Grundkurse Lineare Algebra/Analytische Geometrie, Teil II: Analytische Geometrie, Best.-Nr. 335-01395
Band 6: enthält Aufgaben zur Stochastik: Elementare Wahrscheinlichkeitsrechnung, Best.-Nr. 335-01396 (in Vorbereitung)
Band 7: Grundkurse Stochastik: Binomial- und Normalverteilung, Best.-Nr. 335-01283

Klausur- und Abiturtraining Chemie

Band 1: Modelle/Bindungen, Elektrochemie, Massenwirkungsgesetz, Energetik, Kernchemie, Best.-Nr. 335-01080
Band 2: Protolysen, Strukturaufklärung, Stoffklassen, Synthesen, Indikatoren, Kunststoffe, Best.-Nr. 335-01081
Band 3: Redoxreaktionen/Elektrochemie, Energetik, Strukturaufklärung, Protonendonator/Akzeptor/Reaktionen, Kunststoffe, Biochemie, Best.-Nr. 335-01276
Band 4: Allgemeine Chemie: Säure-Base-Reaktionen, Chemisches Gleichgewicht, Best.-Nr. 335-01429

Klausur- und Abiturtraining Biologie

Band 1: Zellbiologie, Stoffwechsel, Ökologie, Entwicklungsbiologie, Best.-Nr. 335-01089
Band 2: Genetik, Evolution, Nerven-, Sinnes- und Hormonphysiologie, Verhaltensbiologie, Best.-Nr. 335-01090
Band 3: Genetik, Best.-Nr. 335-01338
Band 4: Evolution, Best.-Nr. 335-01428

Klausur- und Abiturtraining Geographie

Band 1: Stadt- und Raumordnung, Best.-Nr. 335-01483 (erscheint Ende 1992)

Der
AULIS 🄱 ***VERLAG***
für Lehrer

AULIS VERLAG DEUBNER & CO KG
Antwerpener Str. 6/12 · 5000 Köln 1

UNTERRICHTSHILFEN NATURWISSENSCHAFTEN

Die bewährte Reihe für den Chemieunterricht in der Sekundarstufe I

Einfache Schulversuche zur Lebensmittelchemie
von Peter Grob, Best.-Nr. 335-01475
Dieser Band enthält 64 einfache Grundversuche zur Lebensmittelchemie, wobei 9 Versuche sich auch mit den Lebensmittelzusatzstoffen befassen, einer hochaktuellen Stoffgruppe, über die es noch wenig Experimentalliteratur gibt. Einer für die Sekundarstufe I angemessenen didaktischen Reduktion folgend, werden die Versuche – hauptsächlich Schülerversuche – zunächst als Phänomen beschrieben. Der theoretische Hintergrund wird in einem gesonderten Kapitel behandelt. Das Buch berücksichtigt voll die Gefahrstoffverordnung.

Chemie der photographischen Prozesse
von Joachim Hänsel, Best.-Nr. 335-00708
Dem Verfasser ist es gelungen, die z.T. schwierige Materie leicht lesbar und verständlich darzustellen, ohne den wissenschaftlichen Boden zu verlassen. Der Stoff ist in zwei große Gruppen unterteilt: Zunächst werden die Grundlagen behandelt, dann folgt der praktische Teil. Hier werden 40 Versuche beschrieben, die auch von Schülern ausgeführt werden können.

Ionen und Wassermoleküle
von Joachim Jaenicke, Best.-Nr. 335-00565
Der Band stellt eine Unterrichtseinheit für den Chemieunterricht in der Sekundarstufe I vor, die ein Phänomen aus der unmittelbaren Erfahrungswelt der Schüler (Lösungsvorgang von Salzen in Wasser) näher untersucht. Hierauf basierend, werden in propädeutischer Form an wenigen ausgewählten Beispielen komplexchemische Aspekte aufgezeigt. Damit wird ein Gebiet behandelt, das bislang nur wenig respektiert wurde, obwohl ihm aus fachrelevanter Sicht ein besonderer Stellenwert zukommt.

Leitfaden zur einfachen qualitativen Analyse anorganischer Stoffe
von Frank K. Maronne, Best.-Nr. 335-01036
Die Suche nach den Bestandteilen eines Materials kann auch Schüler von heute faszinieren und motivieren. In diesem echten Experimentierbuch finden sie u.a. Nachweisreaktionen und Analysegänge fast aller anorganischer Ionen.

Chromatographie
von Adalbert Wollrab, Best.-Nr. 335-01402
Ein gelungener Überblick über die Einsatzmöglichkeiten der Chromatographie im Chemieunterricht. Zunächst ein Abschnitt über die Aufbereitung des Materials, anschließend die verschiedenen Verfahren in Theorie und Praxis (Säulen-, Dünnschicht-, Papier- und Gaschromatographie). Alle Versuche sind auf Schulverhältnisse abgestimmt, zusätzlicher Reiz entsteht durch Verwendung alltagsnaher Stoffe wie Zahnpasta, Tinte, Rotkohl, Parfüm.

Alltagschemie im Unterricht
von Jürgen Reiss, Best.-Nr. 335-01414
Dieses Buch gibt Anregungen und Beispiele für 46 praxisnahe, unterrichtserprobte Experimente zur Alltagschemie; z. B. Herstellung von Gips, Herstellung von Glas, Gewinnung von Reineisen, Feuerverzinkung von Eisen, Herstellung von Lötzinn, Wasserhärte – Nachweis und Entfernung von Seifen, Herstellung von Papier, Herstellung von Margarine, Herstellung von Zündhölzern u.v.a.m.

Chemie in faszinierenden Experimenten
von Georg Wagner, Best.-Nr. 335-01347
Gelegentlich darf auch der Chemielehrer in die Trickkiste der pompösen theatralischen Jahrmarktchemie greifen! Schöne, wirkungsvolle Experimente beleben den Unterricht und motivieren Schüler und Lehrer gleichermaßen. In diesem Buch werden daher insgesamt 88 wirklich faszinierende Experimente beschrieben.

Der
AULIS VERLAG
für Lehrer

AULIS VERLAG DEUBNER & CO KG, Antwerpener Str. 6/12, W-5000 Köln 1